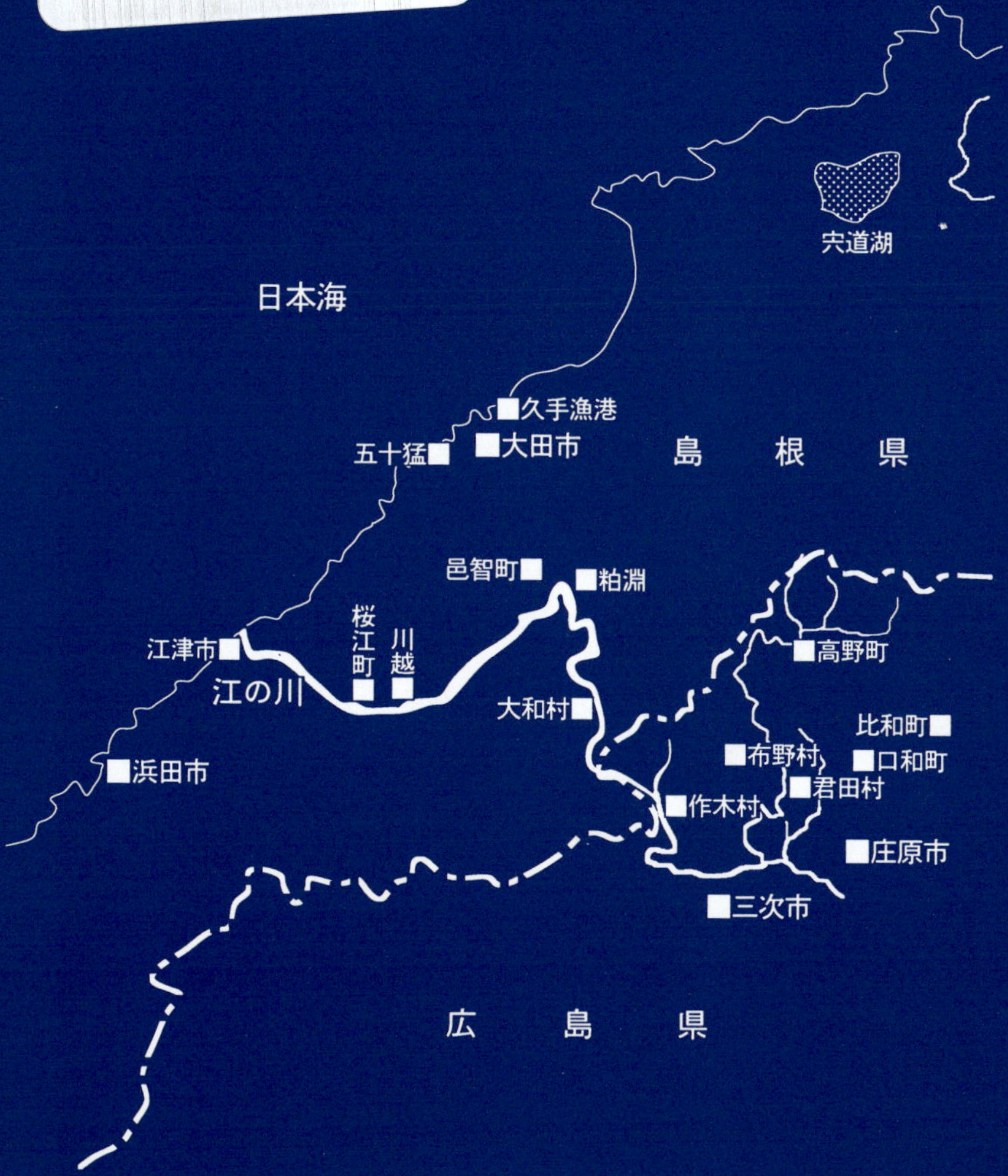
宍道湖
日本海
久手漁港
五十猛
大田市
島　根　県
邑智町
粕淵
桜江町
川越
江津市
江の川
大和村
高野町
比和町
浜田市
布野村
口和町
君田村
作木村
庄原市
三次市
広　島　県

アサヒビールの森人たち

ASAHI BEER'S FOREST KEEPERS

監修・写真　礒貝　浩　　　文　教蓮孝匡

アサヒビール株式会社発行■清水弘文堂書房編集発売

アサヒビールの森人たち

目次

写真・監修■礒貝 浩 文■教蓮孝匡

S T A F F

PRODUCER 本山和夫（アサヒビール株式会社経営戦略・広報担当執行役員） 礒貝 浩
DIRECTOR & ART DIRECTOR 礒貝 浩
COVER DESIGNERS 二葉幾久 黄木啓光 森本恵理子（*ein*）
DTP OPERATOR & PROOF READER 石原 実 教蓮孝臣
制作協力／ドリーム・チェイサーズ・サルーン
（旧創作集団ぐるーぷ・ぱあめ）
■
STAFF
秋葉 哲（アサヒビール株式会社環境社会貢献部プロデューサー）
茂木美奈子（アサヒビール株式会社環境社会貢献部）

※この本は、オンライン・システム編集と***DTP***（コンピューター編集）でつくりました。

序——エコ・リンクスのことなど

あん・まくどなるど

ウクライナ系カナダ人の開拓者の長男だった父は、24歳まで人里離れた大草原の電気のない家に住み井戸水で生活していた。彼の《水ポリシー》はシビアだった。

「命の元である水ほど貴重な資源はない」

と低い声でいつも言った。父があれこれ、きびしく水の節約を指図するので、わが家は水ノイローゼにかかりそうだった。

「地球中クモの巣のように、すべてをリンクするものは？」

—1999年の4月にわたしの大学（県立宮城大学）で始めた『ECO—LINKS』というゼミの第1回目の講義の枕でこう聞いたら、

「先生、それはインターネット」

と一人の学生が、もっともらしく答えた。

「ごめん、質問がわるかった。たしかに、そういう考え方はできるでしょう。とくに先進国で生まれ育った人たちのあいだではね。視点を変えて考えてみましょう。人間・ゴキブリ・イヌ・ライオン・コメ・ニンジン・フナ・イルカ・クジラなんであろうが生き物にとって、大切なリンクのひとつは水なのでは？」

と聞き直したら、今度は、〝閃めいた顔〟が、わたしの目のまえにいくつかあった。

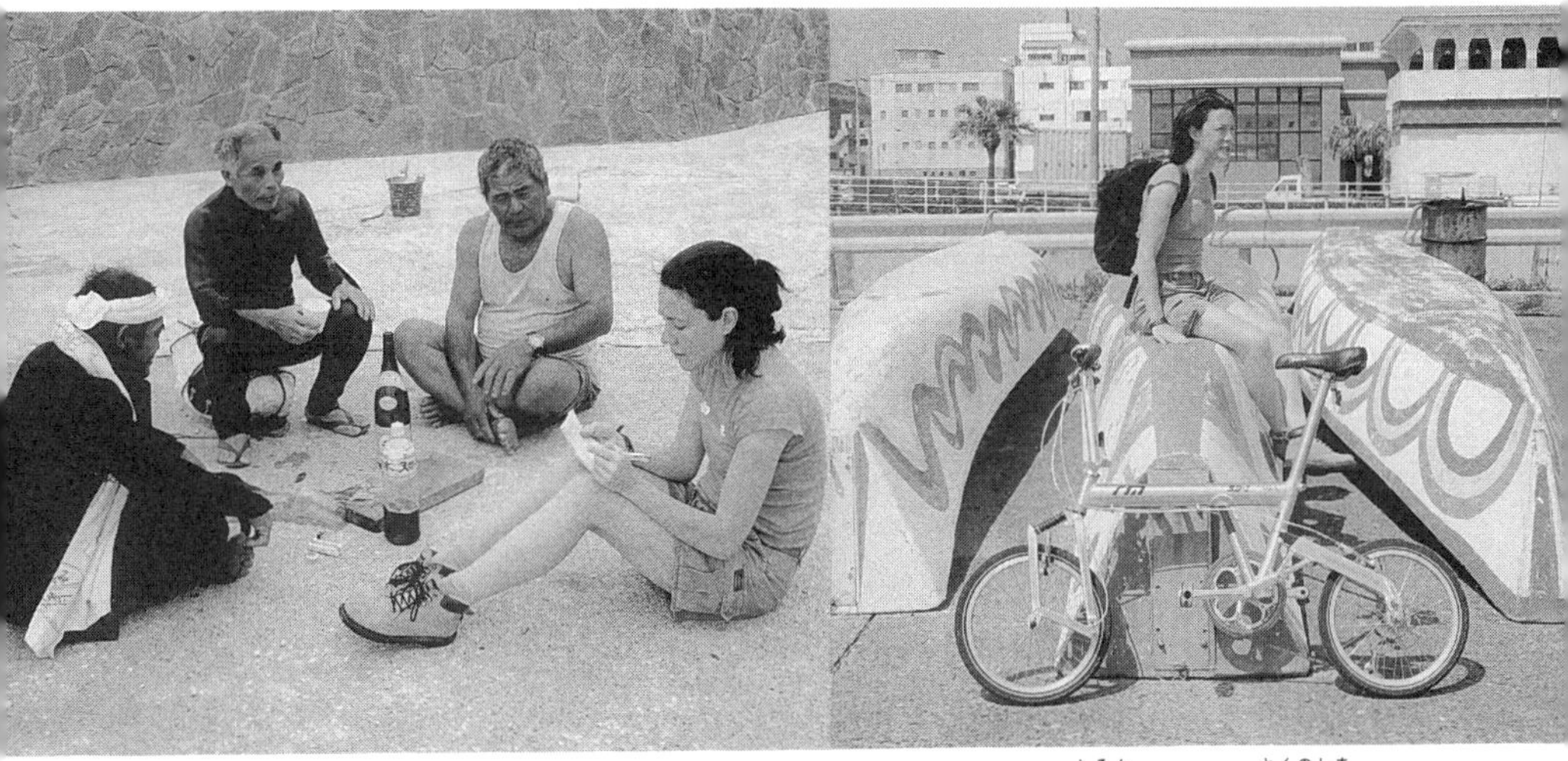

あん・まくどなるどは　全国の漁村を駆けめぐっている（左　与論島《よろん》　右　徳之島《とくのしま》にて）

1998年に始めた日本列島（沖縄～北海道）全海岸線調査プロジェクトは、2002年夏現在、約3分の2のスケジュールを消化した。出発時点のわたしは、目のまえに広がる海やその周辺世界に心を奪われていた。しかし、その視野には大きな落とし穴があった。つまり海を〝静止〟したものとしてしか、見ていなかった。さらに言うと、わたしの頭のなかで陸と海は分離していた。森と海が、わたしのなかでは結びついていなかった。両者が持つ共存・依存の密接な関係を完全に無視していた。

1997年に日本海で起きた重油汚染後の調査を行い、大分県の海岸へ海流に乗って流れてくる広島のカキ養殖に使われているプラスチック製チューブとハングル文字が印刷されているビニール袋などの〝流れゴミ〟や、三河湾《みかわ》の赤潮や、愛媛県のバイ貝養殖の海のなかに潜む〝謎の殺し屋〟などなどの海洋汚染の実態を目の当たりにして、目から鱗が落ちたような気がした。まえに立ちふさがる壁にちょっと穴が開いた感じ。わたしが長年、潜在的に抱えていた研究課題である〝陸と海（水）のエコ・リンクス〟問題の糸口がやっと見つかった気分。もちろん、まだまだ先は長いけど。

閑話休題。

海岸線に連なる漁村をしらみつぶしに訪れて、フィールド・ワークをしていると、漁・農・林業や、それを直接支えている漁・農・山村コミュニティーがどれほど密接にリンクしているのかを、ひしひしと感じる。宮城県でカキの養殖をしている畠山重篤《はたけやましげあつ》氏のスローガンを借りれば、『森は海の恋人』。さらにつけ加えれば、そのあいだにある田んぼや畑や牧場も、もちろんリンクしている。〝自然の一夫多妻制〟とでも名づけようかしら。

水の汚染の8割ぐらいは人間に原因があると言われている。10数年まえに、わたしのふるさとであるカナダの東海岸の命といわれているセント・ローレンス川が危機状態に陥ったことがある。魚をはじめ、川全体のエコ・バランスは崩れかかっていた。産業廃棄物が原因とされ、国の指導のもとに、川沿いの工場50社が6億5千万カナダ・ドル（600億円強）を出しあって、クリーン・アップ・プロジェクトを実施した。現時点で目標の9割まで成果をあげたという。このプロジェクトを進めていくうちに、工場廃棄物は、じつは河川汚染の一部分にすぎなくて、源流から川沿いのコミュニティー全部に関わる問題であるという共通認識が、国や州（ケベック）や市民レベルのあいだで生まれた。この意義は大きかった。

そこで、1990年代に「セント・ローレンス・ビジョン2000（St. Lawrence Vision 2000）」という総合プロジェクトが誕生した。そのターゲットにされたのは、水源（源流）を守る森のなかの山村をはじめ、川沿いの農業関係施設や農村。13地区に別れ、5千人の林業家・農家がこの作戦に加わっている。林業家は森の維持方法、農家は自分たちの農法を徹底的にモニターされている。トップ・ダウン方式でスタートしたプロジェクトだが、それぞれの地区から非営利団体が生まれ、今ではボトム・アップ方式の運営に切り替えられつつある。これはことを運ぶにあたって官が口をはさまなくなるレッセ・フェール（無干渉主義）の好事例。

そこで、日本は？　林業家・農家・行政・企業・一般市民が一丸となって組むプロジェクトを、これからどう立ちあげる？　日本では、地域単位の小さな試みとして水のエコ・リンクス問題に取り組むレッセ・フェールのプロジェクトは各地で始まっているが、残念ながら「セント・ローレンス・ビジョン2000」のような大規模のプロジェクトは、わたしの知るかぎりではまだない。

江《ごう》の川の源流のひとつがアサヒの森に……

どうしようもなかった一時期ほど汚染はひどくないが、決して〝清流〟とは言えない今の江《ごう》の川――〝中国太郎〟の全流域にも、こんなプロジェクトができて、〝昔の川〟にもどることを、わたしは夢見る。「アサヒビールの森」から発する〝中国太郎〟が、日本一の清流になる日のことを。

わたしが提唱しているエコ・リンクス論（**あん造語**）の論理で語れば、江《ごう》の川全流域・河口に住む人たちが、「川の環境をよくしよう」と力をあわせて立ちあがり行動を起こしたときに、〝水源のある森の管理をちゃんとしている〟ことが、大きな意味を持ってくる。〝天然のダム〟が生きてくる。水源涵養《かんよう》保安林の役割を果たすようになる。こつこつと「アサヒビールの森」を現場で、何十年も守ってきた「森人たち」と、そのために年間1億円以上の維持費を出して環境経営を地道につづけているアサヒビールの長年の努力が、はじめて報われる。森に降った雨水をたくわえ、不純物を取りのぞき、きれいな水にして放出するという安定した水源が確保され、土砂の流失を森が防いでも、そこから下流の〝環境管理〟が、ちゃんとしていないと〝宝の持ちぐされ〟になってしまう。アサヒの森は、江《ごう》の川だけでなく5つもの川の水源になっているのだが、そのすべての流域にもおなじことが言える。否、日本全国の全河川にも！

『日本版セント・ローレンス・ビジョン2000プロジェクト』出でよ！　そしてエコ・リンクスを配慮したトータルな環境保全を！」わたしは声を大にして提唱したい。

ひとつお断わりしておきたいのは、エコ・リンクスというのは、すべてのジャンルで言えることだが、わたしが、ここで提唱している「エコ・リンクスの実践」というのは、あくまで第一次産業を中心としたものだということ。すなわち、農林漁業の現場とそれにかかわる行政の問題としての論理を展開している。

話題をかえる。

ハバナから70キロ。岡の上にある森に覆われた山村へ2度行ったことがある。ある意味でキューバ型中山間地という感じの所。ここで1974年に持続的農・林業実験プロジェクトとして「ラス・テラサス（LAS TERRASAS）」が始まった。ここでの農業実験の成績は今ひとつだったが、林業実験は順調。立派な「研究所」があり、今はまわりに芸術家のコミュニティーまでできている。95年には、豪華なエコ・ホテルまで建てられた。環境配慮満点。建物は森林環境にあわせて建っている。できるだけ貴重な木はそのまま残し、ホテル内のあちこちの床から生えていたりする。これから大きくなってもいいように、木のためのスペースを室内にたっぷり取ったデザインがにくい。とにかく、ホテルの建物のなかの茂った林をわたしは気に入った。中山間地型エコ・ツーリズムあるいはグリーン・ツーリズムのいい事例。

この本は「アサヒビールの森」をテーマにした部分が多いので、そのことにこだわって発言する。「アサヒビールの森」のなかでも、こんな展開ができないものだろうか、と。

アサヒビールさん、今後の「アサヒビールの森」の未来の形として、『日本版ラス・テラサス』なんて、どうですか？　森の研究所とエコ・ツーリズムあるいはグリーン・ツーリズムが同居しているなんてオシャレ。日本ではあまり騒がれていないが、おりしも２００２年は、国連決議による「国際エコ・ツーリズム年、および国際山岳年」。この手の新しいプロジェクトを立ちあげるには、ちょうど、いい機会かも……なんて、調子のいいことを言っても、エコ・ツーリズムを実践しようとするときに、注意しなければならないのは、一歩誤るとそれは環境（エコ・システム）破壊に結びつくという点である。リゾート開発ほど、ひどくはないにしても実際にグリーン・ツーリズムやエコ・ツーリズムに関連して具体的な〝行動〟

を起こすときには、この点だけはくれぐれも、ご注意を。

　わたしは〝開発派〟ではない。基本的に自然は自然のままにしておいたほうがいいというのが持論だが、そこに人の手を加えてグリーン・ツーリズムあるいはエコ・ツーリズムの場として提供する場合には、つぎのことを絶対条件としてあげておきたい。

(A)自然を壊さないで、自然を優先にした施設づくり。これがいちばん肝心。

(B)環境調和がすばらしいこと。その配慮や統一性が見事なこと。(A)と表裏一体。

(C)エコ・ツーリストが心に描いている〝エコ・イメージ〟を裏切らない。見事なイリュージョンづくりのしたたかさが必要。

(D)そこでしか味わえない独自さの発揮。

　グリーン・ツーリズム(エコ・ツーリズム)が日本に上陸(上島)して、まだ間もない。少なくとも行政が取り組もうとしてからは。**「グリーン・ツーリズムのルーツ、背景などの入門参考資料として『田園リゾートの時代　グリーン・ツーリズムとその底流』(金子照美《かねこてるみ》著　清水弘文堂書房刊)を推薦」**

　わたしの目があまりにも〝西洋かぶれ〟のために、こんな感想を持つのかも知れないが、日が浅いせいか、それとも、もともとそれが〝西洋世界〟で〝出産〟したためなのか、なぜか、これまでの日本のグリーン・ツーリズムは一言でいうと今ひとつ。

　根のないものを導入するにあたって試行錯誤の繰り返しは当たりまえ。その意味では日本はその試行錯誤の最中とも言える。

日本のグリーン・ツーリズムのこれまでの展開で気になるのが、ずばり以下の点。

(A)スイス、ドイツ、オランダなどの〝3流真似〟が多すぎる。航空運賃の価格破壊のおかげで、10万円ちょっとあればスイスに飛べる時代だから、スイスを求める人間は本物のスイスに行く。こんな物真似は、なんの意味もない。

(B)日本という風土を無視するところの多さ。バブルがはじけて、飯が食えなくなったゲスなリゾート開発プロデューサーたちの責任は重い。内心で農山村を軽蔑しながら、飯のために蜂蜜のような舌で企業や行政を口説き、ロクでもないグリーン・ツーリズム開発を実行させる。

(C)統一したデザインやコンセプトのなさ。どちらかというと〝寄せ鍋デザイン〟が多すぎるのではないかという気がして仕方がない。

話がちょっと横にそれた。「アサヒビールの森」の話にもどる。

この本の『ヒューマン・ドキュメント』は、見事に「森人たち」を描いている。とつとつとおのれの人生を、かざらないで語る「森人たち」の姿に、今は亡き明治生まれの老農鍛冶屋、中村与平《なかむらよへい》さんの姿がダブった。

かれこれ、10数年まえの話。学生時代に信州の富夢想野《とむそうや》塾に籍を置いて、日本の農山村社会を研究したときに、あの界隈では、「機械化しなかった最後の農鍛冶屋さん」であった中村《なかむら》さんの

黒姫の中村与平《なかむらよへい》さん（あん・まくどなるど著『原日本人挽歌』［清水弘文堂書房］より）

仕事場をチョコチョコ訪ねた。

淡い光りが土間の仕事場に差し込んでいた。フイゴで火を起こしながら、中村《なかむら》さんは、とつとつといろんなことを語ってくれた。

明治時代の修業の日々、砂鉄や塩の道の物語り……中村《なかむら》さんの話を聞いているとき、タイム・トラベルに連れていかれているような気分に、わたしはなったものだ。

中村《なかむら》さんの工房の格子窓は、「教会」を連想させた。そう、「時」の止まった世界。内側の世界は明治時代で「時」が止まっているような世界、外は、ビュービューと車が通りすぎる平成時代。

ある日、中村《なかむら》さんに、「なぜ機械化しなかったのですか？」と聞いたら、ふっと彼の目が、笑った。「時代のバスに乗り遅れたから」と答えたあと、また笑って、「だから、平成までのろのろと自分の足で歩いてきた」とつけ足した。また、別の日に、「人生をぼちぼちと歩くと、急ぎ足では見えないいろんなことが、見えたり、ゆっくりその匂いを味わったりできる」とつぶやいたこともあった。

バブルがはじけたあと、さらにお先真っ暗状態で、「幸せとは、豊かさとは、なんであるのか？」という議論をよく耳にする今日このごろの日本。行き詰まったとき、なにかを失ってしまう、あるいは失いそうになるときに、必死にいろいろ考えて「つぎなる展開」を模索するのは、日本だけでなく人間社会のどこでも、よくある現象。経済的な「豊かさ」を一旦は手にして「つぎの豊かさ」を求めているのが今の日本だとしたら、そんななかで、「ここまで一次産業に敬意を払わない社会は、これでいいのか？」という声が聞こえてくるのは、もっともな話。

「豊かさ」って、なに？

この本の『ヒューマン・ドキュメンタリー』は、この主題を森で働く人たちを通して問いかけている。そう、「アサヒビールの森人たち」は、今の日本では数少ない、心豊かに日々を過ごしている幸せな人たちである。

（作家／宮城大学特任助教授／上智大学コミュニティー・カレッジ講師／環境のＭＳＢ［マガジン・スタイル・ブック］『eco－ing.info』発行人＝ふるさと保全ネットワーク［全国土地改良事業団体連合会］発行の季刊誌『新・田舎人』に連載した原稿の一部をこの序文のなかで、使わせていただきました）

■イントロ・エコ・ツアー・ドキュメンタリー　海から森まで■

ワニはどこから？

――〝中国太郎〟江の川遡行

プロローグ——日本海でワニが獲れる？

どこか浮き世ばなれしている。これは白昼夢か。透明な長細い大きなガラス玉が、何十個も整然と並んでいる——灯りのともっていない電球である。うららかな春の日差しのなかで、なんか間の抜けた風景。その〝お化け電球〟と配線用の太い電線の上で憩う〝黒い鳥〟だけが、やたら目立つイカ釣り漁船が数隻、ひねもすのたりのたりかなと穏やかに寄せる春の波に身をまかせている。

2002年4月27日、島根県浜田市漁港。

フォードのキャンピング・カーを改良してハイテク化したMEO（**ムービング・エディトリアル・オフィス＝移動編集室**）で、中国地方いちばんの大河、江《ごう》の川を河口から源流まで遡《さかのぼ》ろうとしている。だったら、なんで江《ごう》の川の河口から25キロも離れている浜田に、いるのかって？

……ワニに呼ばれた。

2001年12月に「アサヒビールの森」のある庄原《しょうばら》市へはじめて足を運んだときに、「庄原《しょうばら》ではワニが名物だ」という話を耳にした。その日、滞在していた宿のレストランでとった夕食に「ワニの刺身」が出てきた。

←中国山地にはワニがいる？（「まんさく茶屋」の壁にかけてあった写真）

——中国山地には野生のワニがいるんだ、きっと。

器に盛られて出てきたワニは、薄ピンクでつややか。

——あんないかつい風貌のワニが、こんな艶かしい刺身へ姿を変えたんだ……でも、フロリダで食ったワニ料理と、どこか、感じがちがうな？

「ワニというのはサメのことですよ」

——は？

同席のアサヒビール庄原《しょうばら》林業所所長の藤川光昭《ふじかわみつあき》さんが、「このあたりでは、昔からサメのことをワニと呼んでいるんです」と説明してくれ、ようやく納得。

ワニはサメだった。

ワニは美味《うま》い？

広島県庄原《しょうばら》市をはじめとした中国地方の山間部や、宮崎と徳島の一部では、重要なたんぱく補給源としてサメを食べる習慣が昔からあった。

有名な民話『因幡《いなば》の白兎』で、白兎が隠岐ノ島《おきのしま》から向こう岸へ渡るために、だまして背中を踏んだのが「ワニザメ」——ワニという呼び名はここからきている。サメをワニと呼んでいるところは島根、鳥取、広島、岡山の4県の県境近くの山間部に散らばっている。サメの肉はアンモニアを多く含んでいて腐敗が進みにくいため、今のように流通機構が充実していない時代でも、日本海側の漁村から庄原《しょうばら》まで運ぶことができた。

しかし今日では日常的に家庭の食卓に並ぶことはなく、「名物料理」に祭りあげられている。そうだろう。なにも、よりによってサメを食べなくても、現在の輸送システムなら前日に境港《さかいみなと》で競り落とされたサンマ

←「まんさく茶屋」の店内（写真上左）外観（上右）ワニのさしみ（中左）店内に飾ってあったワニの歯（中右）調理中の柳川さん（下左）店内の壁にはこんな看板も（下右）

だろうが、根室《ねむろ》で陸揚げされたロシアの密漁ガニだろうが、おいしい魚介類が、新鮮なうちに食べられる。

ずばり、言い切る。本物のワニの肉は、淡白——そう、鶏肉をさらにあっさりした感じの味——で、結構いけるが、このワニは美味《うま》くない。歯ごたえがなく、グチャっと口のなかでつぶれて広がる。「アンモニアを含んでいる」と聞いたせいか、においも気になる。

庄原《しょうばら》近くの「ワニ料理専門店　まんさく茶屋」

庄原《しょうばら》の近くには、「ワニ料理専門店」もある。江《ごう》の川支流のひとつ竹地《たけち》川沿いの県道39号線脇に建つ「まんさく茶屋」（広島県比婆《ひば》郡口和《くちわ》町竹地谷《たけちだに》）が、それ。昭和61年4月に開店した。漫画『美味《おい》しんぼ』にも登場する、知る人ぞ知る〝ワニどころ〟だ。

店番の柳川《やながわ》キミ子さん、76歳。地元口和《くちわ》町の主婦。

「おすすめはやっぱりお刺身（420円）ですね。ワニ・カツカレー（520円）も人気がありますよ」

このまんさく茶屋、メニューが豊富だ。

ワニ・フルコース　2600円
ワニ・ハンバーグ　520円
ワニ湯ぶき　420円
ワニ茶漬け　450円
ワニ・フライ　420円

などなど。

……「わーにんぼ（1本100円）」がビールのつまみには、いい。ワニ肉、ごはん、ニンジン、枝豆、ご

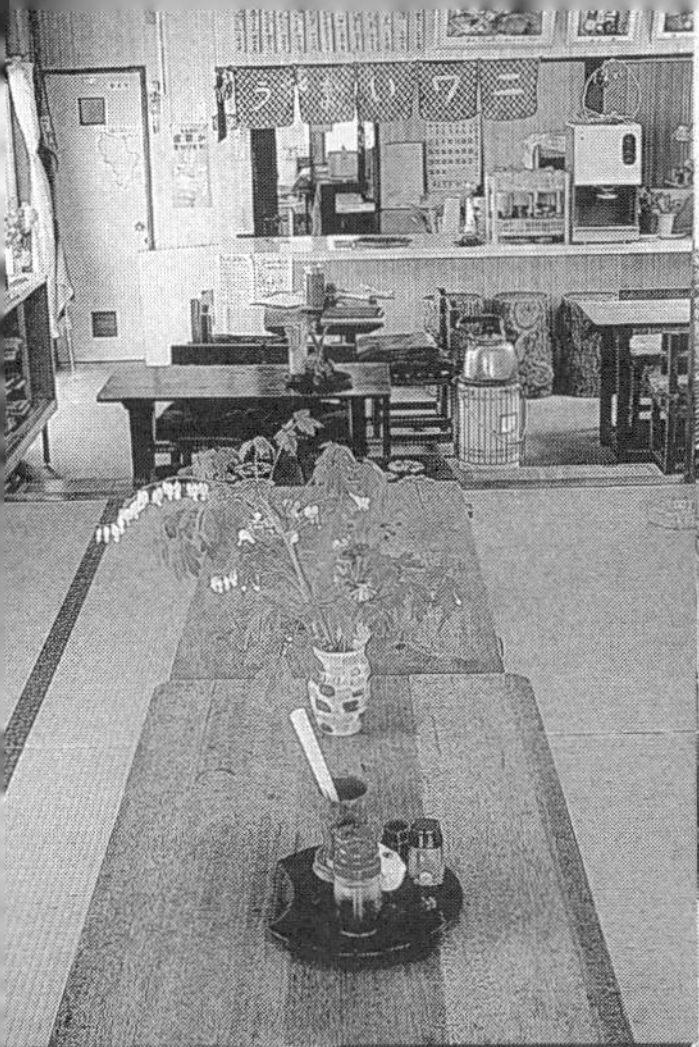

まんさく茶屋
ワニ料理
宅急便

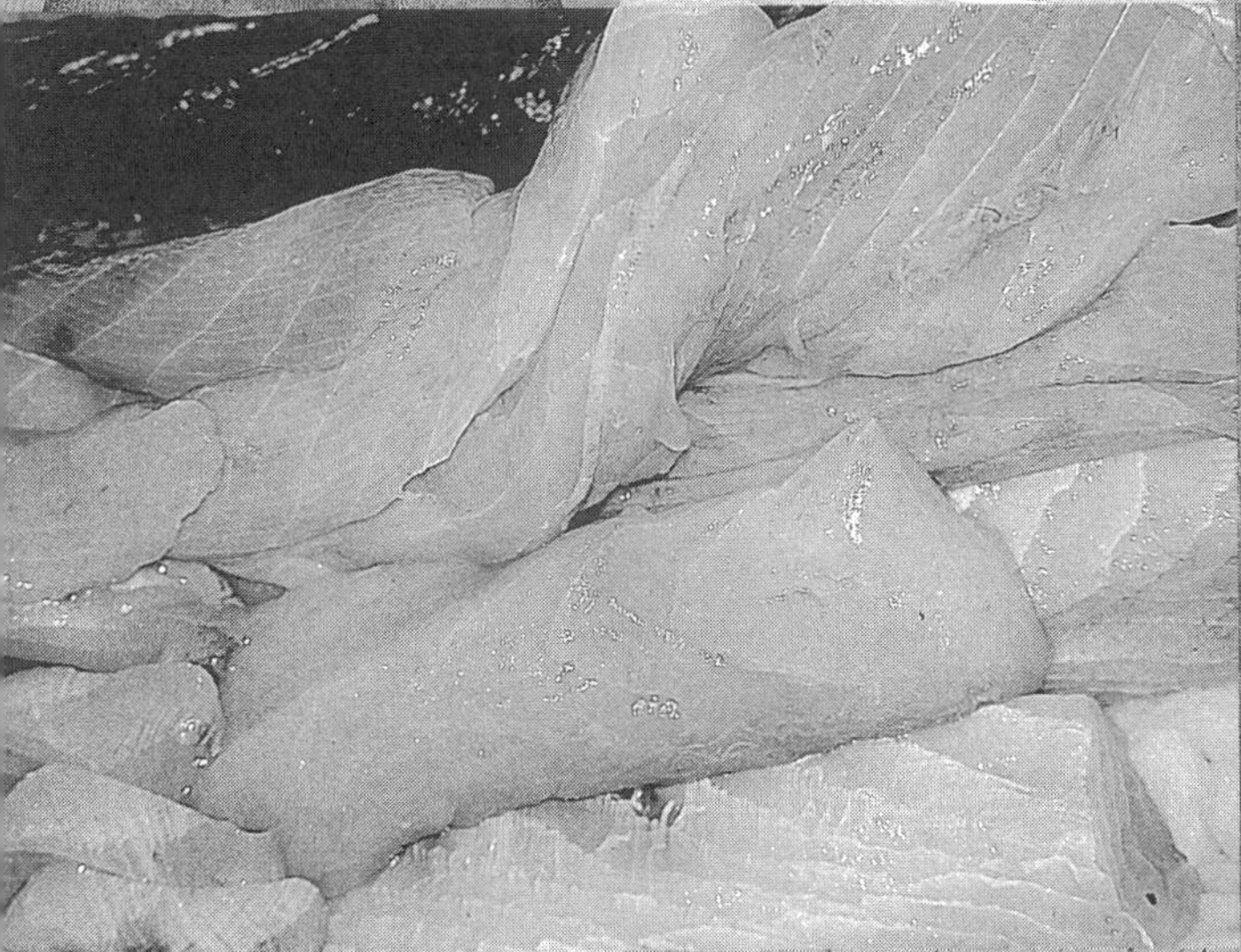

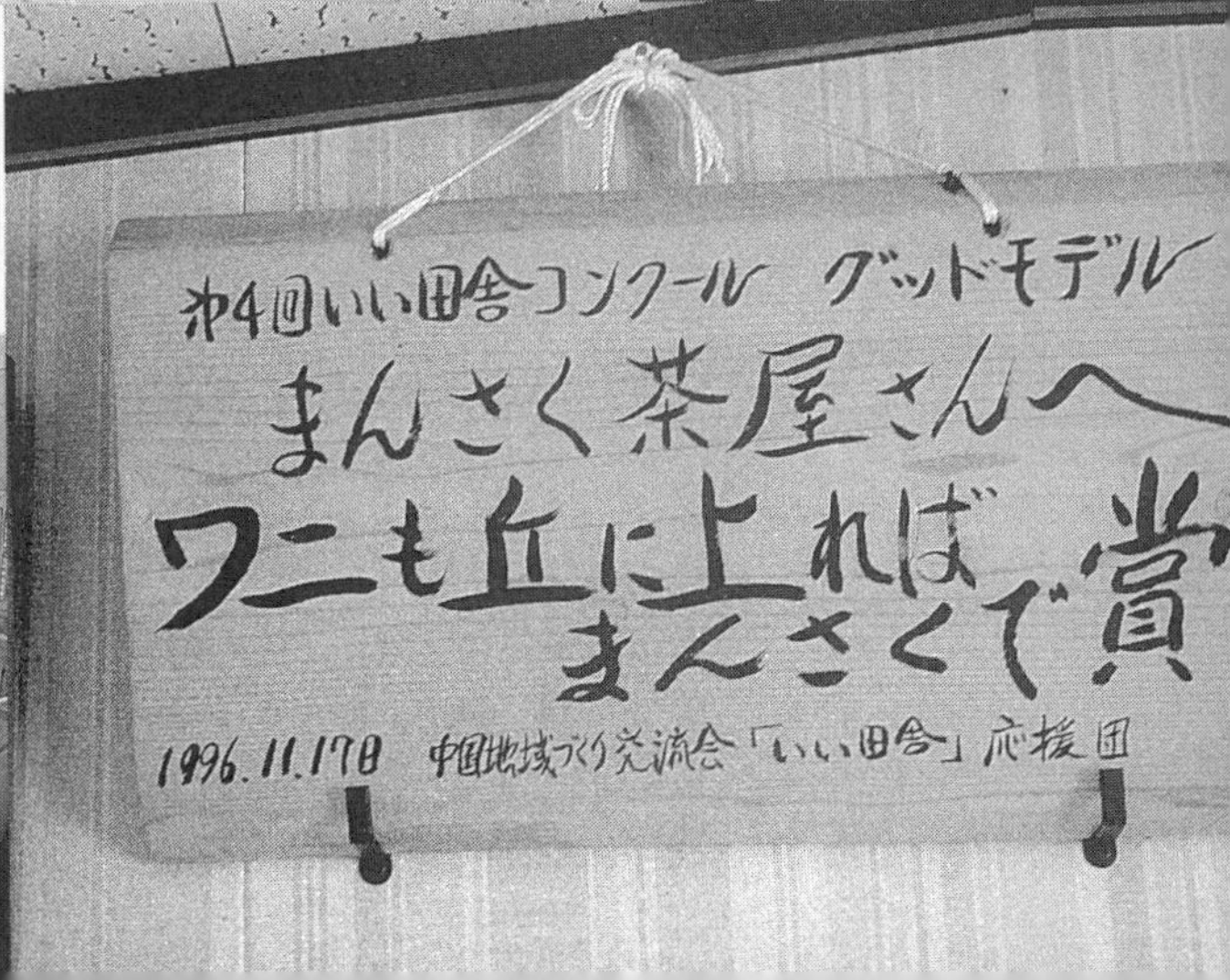

第4回いい田舎コンクール　グッドモデル
まんさく茶屋さんへ
ワニも丘に上れば
まんさくで賞
1996.11.17日　中国地域づくり交流会「いい田舎」応援団

わーにんぼ

ま、生姜《しょうが》、広島菜をホットケーキ・ミックスと練りあわせて油であげたものだ。ワニ肉の〝存在感〟は薄くなっているが、つくねの粘り気を強めたような味。

「開店当初はお客さんも多かったんじゃけど、今は1日10人来てもらえばええほうですね。めずらしいお店じゃけ、遠くからわざわざ食べに来てくれる人もおります」

もともと地元の主婦らによる「生活改善グループ」がワニ料理の研究を始め、地元の郷土料理研究家の女性とともにメニューを考案し、共同出資して店を出した。

「はじめは6人が交代で店をやっとりましたが、今は3人。平日はひとりで、日曜はふたりでやっとります」

「ここのワニはどこから仕入れるんですか？」

「三次《みよし》水産（広島県双三《ふたみ》郡吉舎《きさ》町）に入ってくるのを買うてくるんです。そのまえはどこから来たんか、わからんけど……」

吉舎《きさ》町では現在でも、秋祭りのごちそうはワニだという。

「ワニは、どこから？」探検隊、いずこへ？

閑話休題。

庄原《しょうばら》でワニについて聞いた話を総合すると、このワニ、どうやら「日本海で獲れたものじゃないか」という意見が多かった。

――では、いったいどの漁港から？　どんなルートで？

くだんの藤川《ふじかわ》所長は、ちょっと自信なさそうに言った。

「浜田あたりに行って聞けば、わかるんじゃないでしょうかねえ」

……で、浜田漁港探訪とあいなったわけである。

「ワニの追跡」は、江《ごう》の川遡行《そこう》のひとつの柱となる……はずだ。

「サメという《大物を食う》ことで、《出世する》という意味もこめられとるんですよ」

浜田市漁業協同組合専務理事濱浦敏和《はまうらとしかず》さん（65）は言う。

「でも、浜田じゃサメを食う習慣はないし、浜田港でもサメは水揚げされないです」

「ここではどんな魚が水揚げされるんですか？」

「カレイ、アジ、サバ、イワシ、イカですね。港にイカ釣りの船があったでしょう？　京阪神《けいはんしん》へ多く出荷してます」

土曜の昼さがり。漁協事務所は出勤している職員も少なく、しんと静まり返っている。

「サメを中国山地のほうへ出しとったんは、大田《おおだ》地区じゃないかねえ。延べ縄でサメ漁をやっとたけえ」

島根県大田《おおだ》市は、浜田市から海沿いに鳥取方面へ車で1時間半ほど行ったところにある町。

「山口県の越ケ浜《こしがはま》（萩《はぎ》市）にもサメを食う習慣があるよね。そこの夏祭りに呼ばれたときにサメを食べましたよ」

「味はどうでした？」

「うーん……美味《うま》いもんじゃない。わたしは魚好きなほうなんじゃけどね」

サメを「美味《うま》い」と思わない人が、ほかにもいて、意味もなくほっとする。

とにかく、庄原《しょうばら》で食べたワニは浜田から来たものではなかった。

ワニ探しは、早くも頓挫《とんざ》。〝「ワニは、どこから？」探検隊〟、いずこへワニ探しに行く？

……でも、手ぶらでは帰れない

――でも、わざわざここまでやってきたんだ……このまま手ぶらでは帰れない。

浜田漁協の濱浦《はまうら》専務理事に食いさがる。

「ところで浜田港の水の状態は、どうでしょう？」

「目立った水の汚れはありませんが、目に見えない汚染がありますね」

濱浦《はまうら》さんの話によると、沿岸の岩場で海草の付着がわるくなってきているという。魚が卵を産みつける海草が育たないと、当然漁に影響が出る。

「今年3月に、浜田の漁師と浜田市役所が共同で、周布《すふ》川の上流にクヌギ1500本を植林しました（**注＝浜田市役所に問いあわせたところ、2001年から2002年にかけて2年間で3000本植林したという**）」

漁師が木を植える姿というのはピンとこないとお思いの向きは、ちょっと時代遅れ。漁業関係者の植林は、今日では決して珍しい話ではない。

よい漁場を維持するために、近年「海を肥やすには、まず森から」というかけ声のもとに、全国各地で漁業関係者による植林活動が盛んになってきている。あん・まくどなるどが提唱している『エコ・リンクス論』の実践編である（**本書冒頭の『序――エコ・リンクスのことなど』参照**）。沿岸沿いに木を植えれば、海に木の葉が落ちて栄養分になるし、魚が好む木陰もできる。すなわち魚が卵を生みやすい環境ができる。上流域の森を大切にすれば、養分を含んだ水源確保ができる。そして、そのきれいな水が海に注ぎこむことで、海の汚染がふせげ、魚を守ることができる。

このような「魚つき林（**正式には魚つき保安林**）」、古くは江戸時代からつくられてきた。

「ここから西へ少し行ったところに津摩《つま》という古くからの漁業地区があるんじゃけど、昔の漁業のことなら津摩《つま》で聞くのがええでしょう」

津摩《つま》町は、浜田市にある人口５００人強の漁業地区で、沿岸は藻が豊富に生える良質の漁場として知られている。「魚つき林」への取り組みも古くから定着しており、明治23年、津摩《つま》町は14町歩の山を購入して植林を行ったという。

「魚がようけおった時代からやっとったんだから、そうとうの考えがあったんでしょう」

そして、濱浦《はまうら》専務理事は、最後にこうつけ加えた。

「これから、江《ごう》の川の河口の江津《ごうつ》に行くんですか？……江津《ごうつ》には製紙工場があってね、缶詰工場も３社あって、汚水をたれ流しとったころがあったんです。あのころは、浜田川や江《ごう》の川が死んだようになっとった。船のスクリューがボロボロになってね。硫化水素が原因だったんですね」

――MEOの助走、これにて終了。浜田市をあとに、江津《ごうつ》へ。

江《ごう》の川遡行《そこう》の本番が始まる。

日本海を望む河口の町・島根県江津《ごうつ》市の漁港では……

赤瓦の家並みが、道の両側に広がる。

江《ごう》の川の日本海への注ぎ口江津《ごうつ》市。古くから窯《よう》業が栄え、瓦生産量全国２位の工業都市だ。付近から取れる良質の粘土を使用した当地産の石州《せきしゅう》瓦は、三州《さんしゅう》瓦（愛知県三河《みかわ》地方）・淡路《あわじ》瓦（淡路《あわじ》島西部）と並んで日本３大瓦に数えられている。

江《ごう》の川の河口――浜田市方面からやってくると、赤瓦の家並みがまばらになる町はずれに大きな口をぽっかりと開けている。

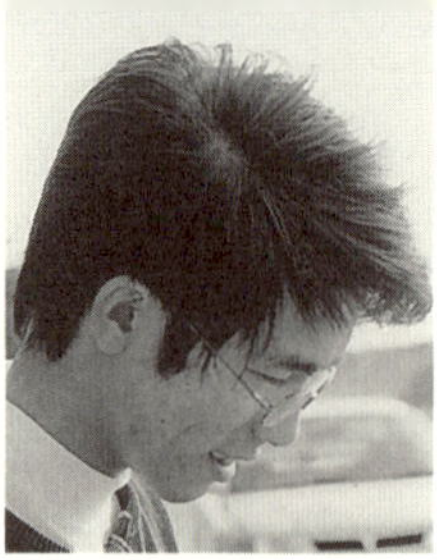

川向こうは渡津町《わたつちょう》。その渡《わた》津《づ》町側の先端、海の入り口に江津《ごうつ》漁港がある。こじんまりとした港のわりに、やたら大規模なコンクリートとテトラポットの防波堤に守られている。

漁港にMEOを乗り入れる。

防波堤に並んで釣りを楽しむ人たちが、ポツポツと目に入る。

すぐそばで、若いカップルが釣りをしている。24歳の彼、黒いおしゃれな車に彼女を乗せてここにやってきて、優雅に釣り糸をたらしている。

「ここ、なにが釣れるんですか？」

「いろんな魚」

——まあ、そりゃあ、そうでしょう。

「江《ごう》の川の源流って、どこか知ってます？」

「中国山地のどこかでしょう」

男のほうが、無愛想に答える。

——すみません、デートの邪魔をして。

早々に退散。

漁港にMEOを乗り入れる

「え？サメ？食べる人、いるんですか？」

海に向かって右の奥に漁協の建物と数隻の小さな漁船。その一隻に男の人がふたり乗りこんだ。今からヌタウナギの漁に出るのだという。

「ヌタウナギは日本じゃ食べんけえ、韓国へ輸出するんです。

食用にしたり、革製品の原料にしたりね」

20歳ぐらいで、あどけなさが顔に残る人のよさそうな青年は、出漁の仕度をする手を休めず、ぼそぼそと話した。先に船に乗りこみ、黙々と出漁の仕度を整えている男性は、青年の父親と言っていいほどの齢。

「江《ごう》の川の源流は？」

「広島のほうじゃないですか？　江《ごう》の川が汚れたとかいう話は聞かんです。ぼくが漁に出ても、水の汚れを感じたことはないですね」

「食用のサメ、ここで獲れますか？」

「え？　サメ？　食べる人、いるんですか？　サメを食べるゆうこと自体聞いたことなかったです」

いつの間にか、船を出す準備は整っていた。ふたりは海へ出て行った。

この日、海は凪《な》いでいた。

パルプ工場に汚された川

漁港の隅で、魚網を片づけている男性がいた。

室北竜太《むろきたりょうた》さん、37歳。漁師歴7年で、アナゴ籠漁とウナギ漁が専門。江津《ごうつ》で籠漁をしているのは室北《むろきた》さんが働いている会社の船だけ。

彼の船は、「福竜丸」。

「自分の名前から取ったんですよ」

船のほうを見ながら、人なつっこい笑顔で言う。

「江《ごう》の川の源流は三次《みよし》のほうでしょ。川の水は汚くはないと思いますよ。でも、ぼくらが子どものころは、

川よりも海で遊んだけえ、ようわからんけど」

室北《むろきた》さんの言うとおり江《ごう》の川は、たしかに中国山地の山あいにある三次《みよし》市を流れている。しかし、そこは源流ではなく、ほかの支流との合流地点である。

「ただ、ダムができてから水の量が減ったいうのは、お年寄りらがよう言いよってですよ」

室北《むろきた》さんの話によると、江津《ごうつ》市から江《ごう》の川沿いに車で2時間ほど遡《さかのぼ》ったあたりに浜原《はまはら》ダムというのがあるそうだ。ダム建設による水量減の話は、この先の道程でもよく耳にした。

「あそこに見える工場があるでしょう」

江《ごう》の川の西河岸に、赤と白で塗られた煙突が見える。東河岸も工場地帯……。

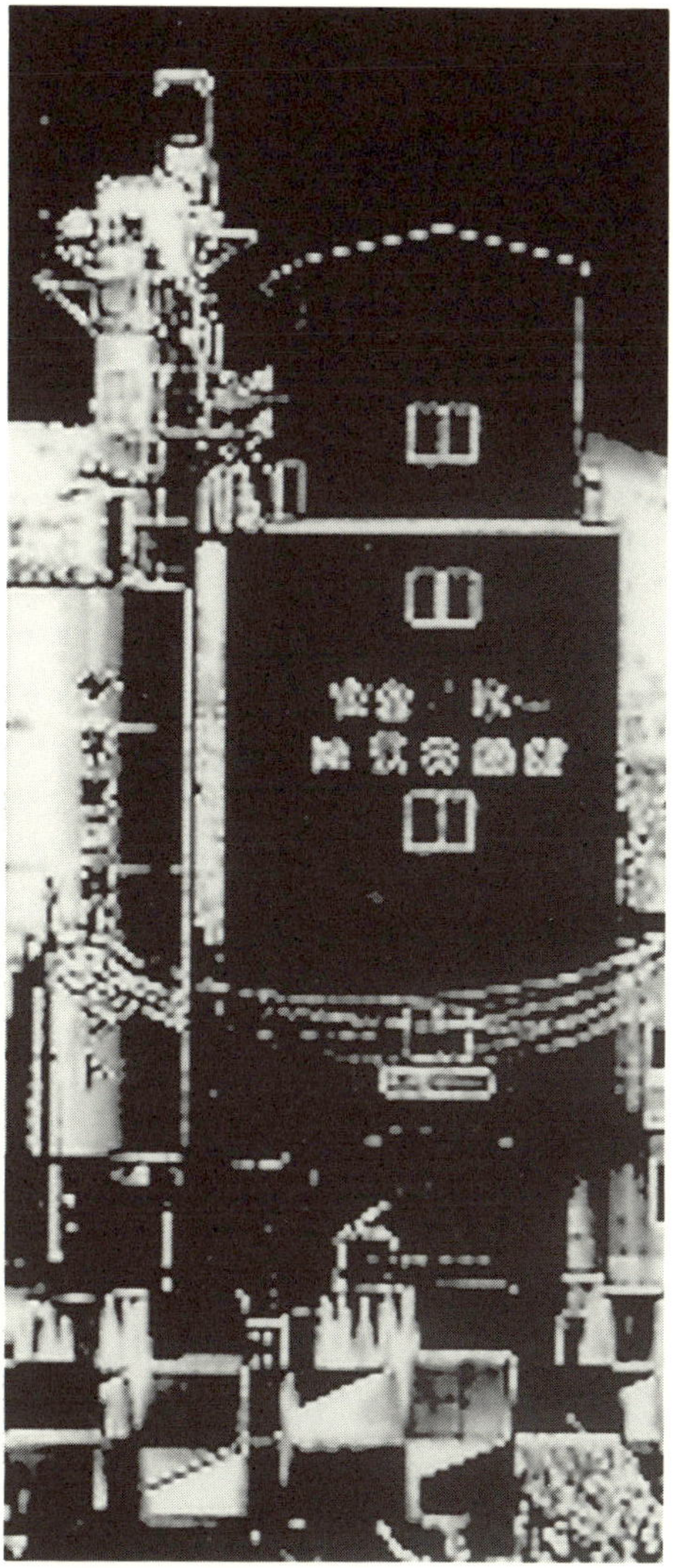

今は江《ごう》の川河口両岸の工場が川を汚染しているわけではない

「昔、あのあたりのパルプ工場や缶詰工場からの排水で、川がえらい汚れた時期があったんですよ。ぼくが中学のころじゃったかねえ」

戦後の高度成長期に山陰に進出してきた企業のひとつ、山陽パルプ（当時）という製紙会社が、江津《ごうつ》市内に工場をつくった。

1952年に、島根県と山陽パルプ江津《ごうつ》工場のあいだで交わされた覚書は、自治体と企業が締結した公害防止協定のはじまりとされる。

またまた、しつこくワニである

ここで、またまた、しつこくワニである。

「サメ漁？　そりゃたぶん大田《おおだ》のほうでしょう。大田《おおだ》市の西のほうに五十猛《いそたけ》という町があるんじゃけど、そっから三次《みよし》や庄原《しょうばら》のほうへ運ぶルートがあるんじゃないかね」

五十猛《いそたけ》にはサメ専門に延縄漁をやっている漁師もいるのではないか、という。ワニが運ばれる道は、昔栄えた石見《いわみ》銀山からの銀の流通ルートと関係があるのではないか、とも彼は話した。

「江津《ごうつ》じゃ、サメはあがらんですよ。たまに引っかかったときは、カマボコ工場へ行くんでしょ」

国内のサメ水揚げ量はおよそ2万3000トン（1999年）。そのほとんどがサメ漁獲高世界一を誇る気仙沼《けせんぬま》で水揚げされている。高級食材フカヒレを大切に取り除いたあと、肉はカマボコにされ、皮は皮革製品となる。

「ま、あまりここらじゃ食わんですよ」

と室北さんは、繰り返し強調した。

河口の釣り人

西の空が赤く染まる。午後5時、テトラポットが積まれている防波堤で釣りをしている人たちは、まだ、のんびりと釣り糸をたれている。

防波堤の中間あたり、クーラー・ボックスに腰かける男性がいた。

テトラポットにしかけてある2本の釣竿を見ているのか、その向こうに広がっている夕映えの空と海を眺めているのか、静かな目をした人だ。

「今日はなにか釣れましたか？」

「ええ、スズキの大きいのが釣れました」

「見せてもらえますか？」

座っていたクーラー・ボックスを開けてくれた。なかには40センチを超えるスズキが大きな口をあけて硬直している。

三町清《みまちきよし》さん、61歳。江津《ごうつ》で生まれ、大阪のダスキン本社で働いていた。

「長男なんでね、母親が死んだあと、家を継ぐために江津《ごうつ》にもどってきたのが16年まえのことですわ」

今はダスキン江《ごう》の川を取り仕切っている。

「釣りがほんま好きでね、毎週ここへ来てしまうんですわ」

大阪弁でそう話すとき、静かな目が輝いた。

「そろそろ竿をおさめて帰ります」

と三町《みまち》さんが言った。

夕日が沈みきろうとしていた。

江《ごう》の川中流のローカル列車——島根県邑智《おおち》町粕淵《かすぶち》周辺

日本海に面する島根県江津《ごうつ》市と、中国山地のまんなか広島県三次《みよし》市のあいだをＪＲ三江《さんこう》線が走る。２時間40分で両区間を結ぶ、味のあるローカル列車である。

この三江《さんこう》線に、ちょっと試乗。粕淵《かすぶち》から川下へもどってみる。

粕淵《かすぶち》駅。朝８時７分発、江津《ごうつ》行き。駅員がいないうえに発券機もない小さな駅舎を通って、ホームへ。切符は車内で買うことになっている。日曜日のせいか、ほかに乗りこむ乗客なし。

７時55分、「江津《ごうつ》行き」と表示の出ている２両編成の列車が、「滑りこむ」というより、「よっこらしょ」という感じでホームに入ってきた。

——あれ？　予定の時間よりずいぶん早いな？　山間をぬって走る列車だから、少しぐらい時間のずれがあってもおかしくないか。

列車に乗りこむ。

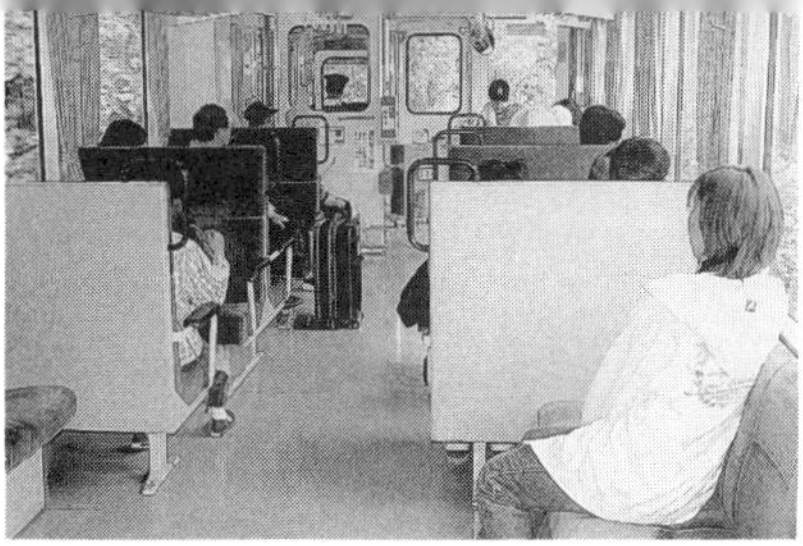

乗客は10人程度。運転士のほかに、運転席のそばにふたりの車掌が立っている。ひとりはいかにも「旧国鉄職員」といった感じの融通のきかなさそうな中年の男性。もうひとりは20代前半のういういしい顔をした青年。4月に入社。目下、研修中である。

その「ういういしい君」がやってきて聞く。

「どちらまで？」

「川戸《かわど》あたりまで行きたいんですけど」

「え？　この電車は逆方向ですよ」

「だって、電車のまえに『江津《ごうつ》行き』って表示が出てたじゃないですか」

「ありゃ。札を替えるんが早すぎたかねえ。この電車が折り返し運転するんですよ。ま、つぎの浜原《はまはら》が終点じゃけ、そのまま乗っといてください。すぐ折り返しますよ。切符はまだ、買わんでええですよ」

……ひねもすのたりのたりかな、のんびりのどかに江《ごう》の川沿岸の人びとの一日が始まる。

数分で浜原《はまはら》駅。乗客が降りていったのと入れ代わりに、数人の新しい乗客が……私服の男子中学生ふたり。松江に買い物に行くという。つぎの駅で乗ってきた同級生らしい女の子と、照れながら楽しそうに言葉を交わしている。

線路に覆《おお》いかぶさるようにせり出す木々のあいだをぬって、電車はゆっくりと走る。

6つ目の駅で、おばちゃん集団が乗りこんできた。にぎやかな話し声が車内にひびく。

江《ごう》の川のことを聞いてみる。

「わたしら、はぁ、すぐ降りるんよ。おにーさんもいっしょに来る？」

これから鹿賀《しかが》—岩見川越《いわみかわごえ》間の旧道を歩くそうだ。その名もずばり、「あるきあるき」という地元の「エコ・ツーリズム活動」——もっとも、おばちゃんたちは、今流行のエコ・ツアーなどと思っているわけではない。

明香里《あかり》ちゃん

自然体で江《ごう》の川沿いの自然に触れようとしているだけである。

一緒にくっついていってみることにする。

石見川越駅《いわみかわごえ》で「あるきあるき」の10人を越える集団が下車。

熟年エコ・ツアー団体「あるきあるき」に誘われて

「あるきあるき」の出発点は元桜江《さくらえ》町立川越《かわごえ》小学校。

この小学校は2000年3月をもって川下の桜江《さくらえ》小学校と合併したため、今は公民館として使われている。

声をかけてくれたおばちゃんに連れられた男の子がいる。たえず小さなおもちゃの望遠鏡をいじっている。この子、中川嵩久《たかひさ》君（9）は小学4年生。2年生までここ川越《かわごえ》小学校に通っていた。彼によれば、合併したあとでも1クラスの生徒は30人ほどとのこと。

嵩久《たかひさ》君の妹、明香里《あかり》ちゃん（7）も、この「エコ・ツアー」に加わっている。「みんなを明るくさせる」との願いでつけられた名前のとおり、元気溢れる女の子。

「あるきあるき」のこの「エコ・ツアー」は毎年1回行われる。とにかく、しのごの言わないで三江線《さんこう》の鹿賀《しかが》―石見川越《いわみかわごえ》を歩く。線路沿いに延びる旧道を歩くということは、江《ごう》の川に沿って歩くことになる。

正門のそばに腰かけているおばあちゃんふたり組が、こもごも話す。

「このへんじゃ、橋をつくったり堤防をつくったりするために立ち退いた家も多いねえ」

「鹿賀《しかが》は50軒ぐらいの集落だけど、昭和30年代には養蚕で栄えたところだったんよ。障子紙の生産も盛んじゃってね。今は養蚕のなごりで桑茶が名産になっとります」

そういえば、元小学校のまわりには桑畑がちらほら散在している。

「あっちの小山のふもとにお宮が見えるでしょう。堤防工事の関係で、今移し替え工事をしとるけえ行ってみんさい」

「あるきあるき」の出発予定時間まで、まだ40分ある。300メートルほど先に見えるお宮へ。

「30年前の大水はひどかった」

お宮の近くの山の斜面に真新しい木でつくられた祠《ほこら》がある。そのなかで膝をついて掃除している男性がいた。このお宮の宮守、三浦重興《みうらしげおき》さん（62）だ。

「江《ごう》の川は昔からよう氾濫しとったからね。うちも高くしてもらいました」

江《ごう》の川は10年に1度氾濫するといわれる。その暴れ川ぶり、雄大さから「中国太郎」という呼び名がついている。

日本では昔から、その地方でいちばん大きな存在感を持つ川を「太郎」と呼んだ。関東の利根《とね》川を「坂東《ばんどう》太郎」、九州の筑後《ちくご》川を「筑紫《つくし》次郎」、四国の吉野《よしの》川を「四国三郎」と称して日本三大河川とみなしてきた。江《ごう》の川もそれらに負けず劣らずの大河だということだろう。

「30年前の大水はひどかったですよ」

昭和47年7月、100年に1度と言われた大洪水が発生した。流域全体で死者22名、浸水した家屋は1万4000戸をうわまわった。

「あんとき、このへんは泥沼でした。川の水と谷水がいっしょになって、あっという間に1メートル20センチほどまで浸水しました」

昔の江《ごう》の川風景（「カヌーの里おおち」の「カヌー博物館」展示の古い写真）

目のまえに見える家を指差して、「あそこへ行くのも舟で渡って行ったんです」と言う。

三浦《みうら》さんは、「あるきあるき」の集合場所である川越《かわごえ》小学校の卒業生だ。三浦《みうら》さんの記憶では昭和26年の卒業時、360人ほどの生徒がいたという。

「昔は金かごのなかに石を詰めて堤防にしとったんですが、最近のはコンクリートでしょ。大和《だいわ》村（島根県）あたりからずっとコンクリート河岸ですよ。そうすると、増水したとき水が勢いよく流れてしまうんです。それに、子どもが遊ぶところがない。わたしが小さいころは、遊び場がたくさんあったけど。カワエビも少のうなりましたね。やっぱり上流にダムができてからは、ずいぶん川も変わりました。砂が流れんようになって川の形が変わったし」

……しかし洪水には勝てず、三浦《みうら》さんの家も新しい堤防で「高くしてもらった」のである。

家のそばを流れる干あがった小川をながめながら、

「今は涸れてますが、この小川の上流のほうでは昔、たたら製鉄が盛んでした。このあたりは川を中心に、水運がずいぶん発達しとったんですね」

と三浦《みうら》さんは遠くを見る目をした。

桜江《さくらえ》町の田津《たづ》というこの集落は、江戸から明治時代にかけて、問屋村としておおいに栄えた。

山からはコメをはじめとした農産物や木炭、鉄が下流へ運び出され、下流地域からは、海で獲れた魚や塩、瓦などの生活物資が運ばれた。河口の江津《ごうつ》から上流の三次《みよし》まで、上りで5日、下りで2日かけて運んでいた。高瀬舟の姿が消えたのは、川に発電所がつくられ、鉄道が開通した昭和初期だという。

祠《ほこら》のそばに、すでに花が散った大きなしだれ桜が、寒ざむと立っていた。

ひとしきり話し終えると、三浦《みうら》さんは、また祠《ほこら》掃除にもどっていった。

大和村（島根県）あたりから上はずっとコンクリート河岸

←坂本要三《さかもとようぞう》さん（左）と塩田勝《しおたまさる》さん（右）

「あるきあるき」隊は江《ごう》の川に沿って……

「あるきあるき」隊出発。

三江《さんこう》線の線路沿いを走っている旧道――というより、旧道沿いに三江《さんこう》線がつくられたのだが――は、車がすれちがうにはすこし苦労するほどの幅（大型バスとおなじぐらい横幅のある、われらのMEOで、ここを走るのは、ほんとうに大変だった！）で、両側に民家が並ぶ。その民家のすぐ裏側を線路が走っている。

この「エコ・ツアー」を楽しんでいるのは、おばあちゃんと子どもだけではない。おじいちゃんもいる。坂本要三《さかもとようぞう》さん（85）と塩田勝《しおたまさる》さん（78）。坂本さんは桜江《さくらえ》町の高齢者クラブ連合会長を務めている。ゆっくりだが、しっかりとした足どりは、80歳すぎとは思えないほど力強い。

「こがあに（こんなに）ゆっくり歩きよっちゃあ置いていかれるけえ、途中でズルしようか思うとるんです」

と笑いながら坂本《さかもと》さん。

うしろから軽トラックがやってきた。このイベントの関係者の車である。運転席の男性が「乗っていきますか？」とたずねたが、坂本さんと塩田さんは、「いやいや、まだ歩きますよ」と、即座に断った。

「この道は『渡花《わたはな》街道』ゆう名前がついとるんです。このあたりは『渡《わたり》』という集落でね。道の両側には花が植えられとるでしょ。じゃけ、『渡花《わたはな》街道』」

たしかにこのあたりの道は、両側に黄色や赤の花がきれいに植えられている。

塩田《しおた》さんが言った。

「わたしらは江《ごう》の川のそばで育ちましたがね、昔は泳いだり炊事に使ったり飲み水にしたりしとりました。戦前はね、江津《ごうつ》へ舟がたくさん出よって、木炭やらコメやら運んでいって、肥料なんかを持ち帰っとりましたね」

「わたしあそこまでよう買い物に行かれん」

出発点から10分。家と家との間隔が広くなり、線路が旧道へ迫ってきた。

畑仕事を終えたおばあさんが、線路を越えて家へもどり縁側へ腰をおろした。

おばあさんと話す。耳が遠いおばあさんは87歳。13年まえ江津《ごうつ》から桜江《さくらえ》町へ越してきた。

「江津《ごうつ》におったときも、よう大水が出よったが、このごろは少なくなった。今はいろんなところで堤防をつくっとる。わたしがここへ来たときは、この家はまだ川の近くにあった。何メートルか下のほうにあった」

堤防工事の際の立ち退きで、このあたりの家も全部高さをあげてもらったという。

「畑ではコメ、タマネギ、ホウレンソウ、ハクサイ、ダイコンなんかをつくっとる。ここは貧乏村で店がないけえ、みんなずいぶん先の農協まで買い物に行っとるんじゃが、わたしはあそこまでよう行かれん」

——車を運転できないお年寄りが多い山間部のこの集落。日常的な買い物にも不自由な思いをしている人が多いんだろう、きっと。

しばらく大きな声で話をしていると、パーマ頭のおばさんが現れた。パーマおばさんは、おばあさんに「天気がええね」と話しかけながら、こちらをうさんくさそうに見た。どうやらお年寄りに言い寄る悪徳セールスマンかなにかと思われているようだ。この人にも江《ごう》の川のことを聞いてみたが、

「ダムの開放日には、このへんはぐっと水位があがるね」

と無愛想に答えると、そっぽを向いて、またおばあさんと話を始めた。

「あるきあるき」はイノシシ汁で解散

「あるきあるき」の終着点は、鹿賀《しかが》駅のすぐそば、江《ごう》の川に架かる鹿賀《しかが》大橋。失礼な話だが「こんな辺陬《へんすう》の地に」と思うほど立派な橋である。

その橋のふもとで、「いのしし汁」をみんなで食べて「あるきあるき」は解散。おばあちゃん、おじいちゃん、子どもたちは、河原にゴミひとつ残さないで去っていった。

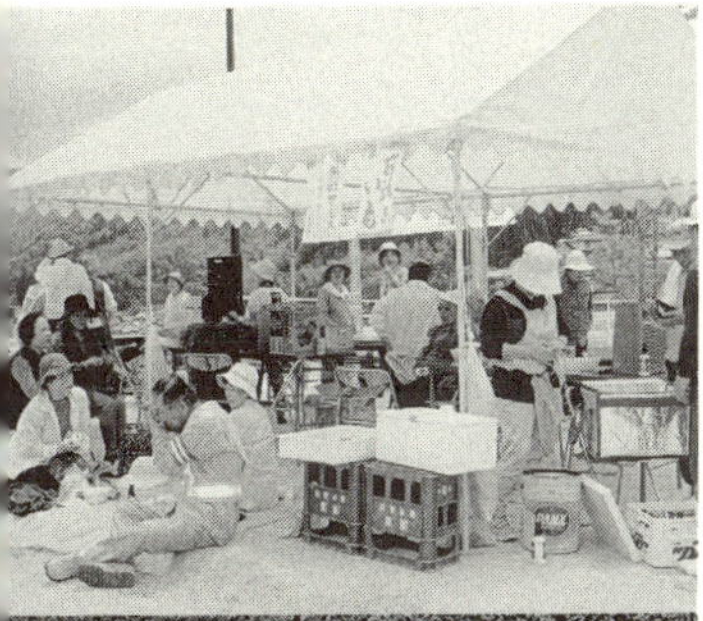

――それにしても、いつのころから、日本人はおなじ時期におなじような目的地に向かう集団移動のパック・ツアーを「旅」だと思い始めんだろう？　なにも今さら「エコ・ツアー」なんて力まなくても、この「あるきあるき」の人たちがやっているような「ツアー」が、昔から日本には脈々と受け継がれているはずなのに、いつのまにか、こうした「ツアー」をする人たちが少数派になってしまっている。

ここからさらに歩いて30分ほど下流に、「水の国」という、水をテーマにした現代美術作品を展示した美術館がある。そこの展示物を見ながら、しみじみと感慨にふけった〝あるきあるき臨時会員〟でありました。

「水の国」ひと口メモ

島根県邑智《おおち》郡桜江《さくらえ》町
電話0855－93－0077

平成9年4月、同じく桜江《さくらえ》町内にある「風の国」（温泉を中心とした宿泊施設）と同時に完成。「水」をテーマにした現代美術作品が収められている。

もともと「河川博物館」として考えられていたが、民俗資料館のような施設になりおもしろみにかけたため、「もっと独自の施設を」という発想から誕生した。

実際に手を触れて水の性質を体感できる作品もあり、ひとあじちがった美術館。

（資料『桜江《さくらえ》町の楽しみ方「水の国」』[桜江《さくらえ》町役場]）

地酒『構造改革』と『抵抗勢力』の原田《はらだ》酒店

ふたたび、石見川越《いわみかわごえ》にもどる。橋を渡ってすぐのところにある木造家屋の「原田《はらだ》酒店」。店のなかから大きな話し声、さらに大きな笑い声が聞こえてくる。

入り口をくぐると、左側にずらっと並ぶ一升瓶が目に入る。中国地方の地酒を中心に、全国各地の地酒、焼酎が、ここには揃っている。

おもしろい酒がある。

「こっちが『構造改革』。となりのが『抵抗勢力』ゆうんよ。うちのオリジナルじゃけ」

原田《はらだ》酒店の店主、原田重信《はらだしげのぶ》さん（53）が説明してくれる。

原田《はらだ》さんは、以前、大阪で働いていたが、平成2年に生まれ故郷の桜江《さくらえ》町へもどってきて、酒屋を継いだ。

「構造改革」は「骨太《ほねぶと》酒造」の製造で２３００円、「抵抗勢力」は「天下《あまくだり》酒造」の製造で１９２０円。

威勢のいい原田《はらだ》さんの声が、狭い店内に響く。店の奥のほうには、赤い顔をした近所のおじさんふたりが椅子に腰かけている。そばには空になったビールの缶が数缶。

「ちょっと待っとき」

そう言って原田《はらだ》さんが家のほうから持ってきたのは、ビデオが見られる携帯用テレビ。

「テレビに出してもろうたんよ。けっこう評判になって、全国から注文もろうたよ」

「もしかして、この『構造改革』と『抵抗勢力』は、江《ごう》の川の水を使って？」

「いや、いや、江津《ごうつ》市のメーカーがほかの川の水を使ってつくったもんじゃ。江《ごう》の川の水を使うても、あまりイメージはようないじゃろ。そがあにきれいな水じゃないけえね……そうじゃ、おにーさん、滝を見に連れてってあげよう」

と原田《はらだ》さんが急に言い出した。

「見てみたいけど、お店はだいじょうぶですか？」

「だいじょうぶよ」

と、相変わらず威勢がいい。

原田《はらだ》さんは手際よく配達用のビールを車に積み、「ほんじゃ、店頼むで」と留守番を託した相手は、店の奥で缶ビールを飲んでいるおじさんふたり。

「お客さん来たら、このへんのもんはサービスで、ただでやっとくわ」

おじさんの冗談を背に、軽トラックは出発。ふたたび、江《ごう》の川沿いの旧道を上流へ。

「うちに来るお客さんは、みんな知っとる人ばっかりじゃけ。わしの店はただ商品を売るだけじゃのうて、みんなが立ち寄って顔をあわせてあれこれ話をする交流の場なんよ。子どもらも学校帰りに寄れるように、スナック菓子もたくさん置いとるよ」

店を出てすぐ、白髪のおばあちゃんがゆっくりと歩いていた。原田《はらだ》さんは車を止めて、

「今、おたくへビール持って行きよるとこよ。乗って行きんさいや」

と声をかけた。

「ああ、ほうね」

と、おばあちゃんはおもむろに、うしろの座席に乗りこんだ。世間話がはじまる。話が盛りがってきたところで、おばあちゃんの家に着いた。原田《はらだ》さんはビールを運び入れ、家の人と軽い冗談を言いあってから車にもどってきた。

――いい光景だな。「おなじ土地で生活している」という単純な関係性だけで人と人とがつながる。そのことは、ともすれば窮屈さ、息苦しさを生むのかもしれない。それでもやっぱり、いいな。

原田《はらだ》さんは、「観音《かんのん》滝」に案内してくれた。高さ40メートル。火山が噴火する際に岩屑《がんせつ》流が発生し、この滝をつくった可能性があるという。遠い昔、今から4000万年ほどまえ、桜江《さくらえ》町一帯には巨大な火山群があったとされる。そのせいか、このあたりを歩きまわっているあいだに、いくつも滝の表示を見かけた。

「わしの店のすぐそばに橋があったじゃろ。川越《かわごえ》大橋いうんじゃけど、あれを60メートルほど下流につけ替える工事が始まるんよ。それが26億円かかる。あほな話じゃろ? 今日、おにーさんが飯食ったっていう鹿賀《しかが》大橋は、こないだできたばっかりで、あれが48億円。なにを考えてやりよるんか、ようわからん。橋をつけたり、ええ道路つくったりすりゃ、田舎がようなるとでも思っとるんかね」

すでに5時すぎ。原田《はらだ》さんが車で駅まで送ってくれた。

支流のおかげで本流がきれいに――「カヌーの里おおち」

粕淵《かすぶち》駅からすこし上流へ行ったところに、「カヌーの里おおち」がある。

「カヌーは子供のころからずっとやってます」と話すのは、ここで働く沖田卓司《おきたたくじ》さん、21歳。カヌーは「体の一部」。

「川の水が緑っぽくなってきた感はありますね。以前このあたりは砂の河岸だったけど、今は石ばっかりになってる。砂が下へ流れちゃったんですかね」

ペットボトル、空き缶、農業用の肥料袋……。河原のゴミが急激に増えてきた、と言う。

「カヌーをする人が増えてきましたよね。でも、カヌーのことばかり集めた博物館は、ここしかないでしょ」

隣接されている「カヌー博物館」に入る。

はじめの部屋。日本の舟の移り変わりが展示されている。一本木からくりぬく「くり舟」、アイヌの人が

←「カヌー博物館」には　川舟の精密な模型も展示してある↓沖田卓司《おきたたくじ》さん

使った「樹皮舟」、対馬の「艪《ろ》こぎいかだ舟」……。

たかが舟、されど舟——時代、地域によってその形、用途はさまざまだ。

江《ごう》の川の川舟は、浅瀬を乗り切るために施された舟底の曲線が特徴的。

とにかくカヌーづくしで、ほかでは見られない、なかなかおもしろい博物館。

この「カヌーの里おおち」は、邑智《おおち》町の外郭団体である「財団法人邑智《おおち》町開発公社」の施設。

山内昭博《やまうちあきひろ》係長（30）が語る。

「昭和53年の島根国体でカヌーが正式種目になったのをきっかけに、地元にカヌー部ができました。今のスタッフの半分以上がそのときに選手だった者ですよ。わたしもカヌー競技で別の国体に出たことがあります」

ワニはどこから？

ふるさと創生事業の資金の使い道として、邑智《おおち》町はカヌーに目をつけ、この設備が11年前に完成した。

「カヌー人口は増えてますが、経営的にはかなり厳しいですよ。でも、町もなかなか見識がありますよ、この施設を保ってきてるんだから」

「ここまでの道程、思ったほどコンクリート護岸が少ないな、と思ったんですが」

「広島に入るとごてごてのコンクリート護岸になりますからね。島根も特に少ないということはないんですが。まあ、そもそも金がないからつくれんでしょう。結果的に〝最先端〟ですよね、『自然のままの護岸』とか言って」

ここから河口の江津《ごうつ》市まで、堰はひとつもない。カヌーくだりにはもってこいだ。逆に、上流側にはたくさんの堰が待ちかまえている。

山内昭博《やまうちあきひろ》係長

「最上流あたりで、アサヒビールが森を所有、管理してるんですが、下流になんか影響ありますか？」

「あると思いますよ。三次《みよし》で馬洗《ばせん》川、西城《さいじょう》川、可愛《えの》川という3つ川が合流して、江《ごう》の川になるんですが、正式な源流は可愛《えの》川です。その上流、八千代《やちよ》町に土師《はじ》ダムというでっかいダムがあるんですね」

東広島市にも水を送っているそのダムが、江《ごう》の川側に出している水が、「泥水のように汚い」という。

「その泥水が、ここまで流れてくるあいだに、これだけきれいになるんですから」

この自然浄化作用は、江《ごう》の川が持つたくさんの支流のおかげだ、と言う。

「支流がきれいな水を送ってくれているから、ここを流れるころには水がきれいになってる。江《ごう》の川のオフィシャルな源流は土師《はじ》ダムあたりだけど、実際、アサヒの森あたりから発する支流をはじめ、たくさんの支流が川を清めてるという、なんとも皮肉な……。小さい支流を含め、支流がきれいかどうかは江《ごう》の川の生命線ですね」

「カヌーの里 おおち」ミニ情報

「カヌーの里　おおち」
〒699－4707島根県邑智《おおち》郡邑智《おおち》町かめむら54－1

電話（0855）75-1860
カヌー博物館入館料200円（こども100円）
カヌーレッスン１人１時間1500円
カヌーレンタル１時間500円
オートキャンプ場、入場料500円、１サイト1500円より
宿泊用トレーラーハウスも完備。

オートキャンパーに評判がよく、利用客は常連さんが多い。

MOVING
EDITORIAL
Chasers Saloon

ミニ写真メモ

粕渕《かすぶち》はおちついたたたずまいの町である

「カヌーの里おおち」のある粕渕《かすぶち》の町並みには、「古きよき時代の香り」が残っている。ここには、もうひとつ、「ゴールデンユートピアおおち」という温泉つきの宿泊施設（**温泉とレストランは、宿泊客以外も使用可**）がある。このバブル期の臭いが、そこはかとなく漂う〝ハコモノ〟は、小高い眺めのいい丘の上にあってすばらしい施設なのだが、併設されているミニ遊園地が、なんというか……結論を言えば、少なくともエコ・ツアー向きのものではない。おちついたたたずまいの「カヌーの里おおち」のコンセプトを描いた人と、たぶんちがう人の作品だろう。

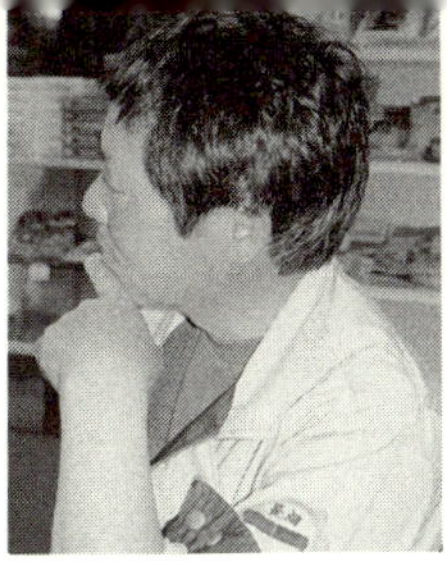

ダムとダムのあいだの川が死ぬ

石見川越《いわみかわごえ》駅から、三次《みよし》方面に12駅。潮《うしお》駅前の道を線路沿いに少し上流に向かうと「潮《うしお》温泉　大和《だいわ》荘」がある。外来者の入浴料金、300円。

ひと風呂あびて、ロビー横のテーブルでカップ酒を飲んでいたのが笹畑俊《ささばたしゅん》さん、51歳。これまで工事現場の仕事を中心に、肉体労働をやってきた人。

「今、江《ごう》の川に架ける都賀行《つがゆき》大橋の工事をやりよるんです。建設省（国土交通省とは言わなかった）の事業でね」

都賀行《つがゆき》は潮《うしお》駅よりひとつ上流側の駅を降りたあたりに広がる集落。もちろん、江《ごう》の川沿いである。

「江《ごう》の川は、一時期、水が汚れた時期があったね。ほいじゃが、家庭から流す水の処理が進んで、透明度は復元してきたように思いますよ。昭和30年代から、事業としてようけ

おちついた赤瓦の屋根の集落がつづく中流地域周辺

潮《うしお》温泉近くの対照的な風景（下は浜原《はまはら》ダム）

（たくさん）堰をつくってきたけえ、水量はあるんじゃが、魚が上流まであがらんようになったんよ。堰をつくるんなら、1メートルほどの側溝を掘って、30センチごとの段差を施したもんをつくらんと、魚がようあがらん」

「魚にやさしい堰」の原理を無視したあげくの果てに、さらに、それを大きく拡大させたような現象が、今、起きているという。

「江《ごう》の川には、ようけダムができたでしょ。そうしたら、ダムとダムのあいだの川が死んでしまうんよ。下流のダムより下は魚がおる。上流のダムより上もおる。でも、ダムとダムのあいだはなんもおらん、ゆう具合にねえ」

笹畑《ささばた》さんが言うには、以前はテトラポットを利用した護岸工事が多かったが、最近は、テトラを撤去して自然石に置き換える動きもあるそうだ。

最近は自然石の護岸も

ビデオの洋画を見ながら遅い夕食
本日の献立は　チャーハン

ワニの血をたれ流しながら運んだ

「ワニのことは、なにかご存知ですか？」

ひさびさに、ワニ談義である。

赤い顔をした仕事仲間の男性が、空になった笹畑《ささばた》さんのカップを取って「飲みんさい」と新しいカップ酒を置いていった。お酒がまわってきたのか、笹畑《ささばた》さんのまぶたが重そうだ。

「サメのことよね？　ご存知もなにも、運送トラックで運んだことがあるよ。ドライバーをやっとったころじゃけ、昭和48年ごろかね。京都方面から山陰まわりでこのあたりへ来て、国道51号線を走っとったときじゃろう。道でいきなりパトカーに車を止められたんよ。なんじゃろ、思うたら『おまえのトラックは血をたれ流しながら走っとるが、いったいなにを積んどるんじゃ』と。なにが積んであるんか、自分でもようわかっとらんかったが、荷台を開けたら、ずらっとサメがおった。1・5トントラックに15匹ぐらいじゃった思います。51号線じゃけ、中国山地の広島県側のほうへ運んだと思いますよ。昔、陰陽道の流通が盛んじゃったころは、大田《おおだ》あたりから背負いで運んだんじゃなかろうかねえ。昔の石見《いわみ》銀山からの銀を運ぶルートと関係あるとは思うけど。江《ごう》の川のことを知ろう思うたら、やっぱり石見《いわみ》銀山と、たたらのことは、はずせんじゃろうね」

潮《うしお》温泉からさらに上流へ。「道の駅　グリーンロード大和《だいわ》」の駐車場がMEOの今夜の宿。

午後11時、すでに道の駅の営業は終わっている。道を走る車もまばら。暗がりのなかから、川のせせらぎの低い音が、風に乗ってかすかに聞こえる。

――ほんと、しつこいぐらい、江《ごう》の川にぴったり沿って移動してるなあ。

あとは、飯をつくって食って寝るだけ。

かつて多くの人と荷舟でにぎわった大和村《だいわ》

翌朝、午前6時、起き抜けに付近を散策。道の駅の建物のすぐ裏は土手だった。そのうしろに江《ごう》の川が。このあたり、典型的な中流域といった感じで、漬け物石ほどの大きさの石が河原をうめている。土手はコンクリートと真新しい土できれいに整備された堤防だ。

――しかし、それにしても、どこもかしこも、なんで、こんなふうに、味もそっけもないコンクリート護岸にしてしまうんだろう？　なんで、もうちょっと「自然」な護岸をつくれないの？

邑智郡《おおち》大和村《だいわ》は人口2000人の小さな村で、かつて江《ごう》の川が山陰山陽を結ぶ水運路として栄えていたところ、その中間点にあたる大和村《だいわ》もまた、多くの人の行き来や荷舟でにぎわった。上流には往時をしのぶ「荷越瀬《にごしせ》」や「金毘羅宮《こんぴらぐう》」、毛利尼子時代の山城の跡などがある。「荷越瀬《にごしせ》」とは、江津《ごうつ》から遡《さかのぼ》ってきた舟が、そこから先、荷物を小舟に積み替えてのぼるしか手段がないほど急流だ、ということからつけられた名前である。

余談だが、この村の特産品が「またたび」だというのはおもしろい。

製鉄所の夢の跡

さらに上流へ。

右手に江《ごう》の川を見ながら、くねくねした道がしばらくつづく。

山側斜面に、円錐を逆さにした形の物体が見える。緑に萌えた木々のあいだから、大きな茶色い姿をニョキっとのぞかせている。近づいてみるとそれは茶色く錆びついた溶鉱炉のようだった。375号線の道路にせり出すように設けられている。

遠くからは木で隠れて見えなかったが、木造の倉庫のような建物も現れた。その建物へつづく朽ちかけた梯子のような階段が、道路側へ頼りなくぶらさがっていた。

あがってみる。最初の2段、木が朽ちていたらしく足をかけると同時に崩れ去った。

なんとか建物のところまであがった。

入り口に木の看板――「三鉄プラント」とある。

なかには、木の机がふたつ、まんなかにぶらさがった裸電球、ジュースの空き缶、書類が散乱している。荒れてはいるが、人びとが活動していた名残りを、そう遠くない過去に感じられた。

さらに斜面を登っていくと、溶鉱炉のそばに出た。柵と木々に囲まれたなか、静かにそびえ立っている。あたりは菜の花や雑草に覆《おお》われていて、ここで人間が製鉄作業にいそしんでいたことが不思議に思える空間だ。

白い蝶々が何匹も舞っている。

眼下では、江《ごう》の川が悠然と流れている。

棚田で働くおじいちゃん

江《ごう》の川にかかる鉄橋を三江《さんこう》線の列車が渡っていく。まだ大和《だいわ》村である。

左手に棚田がある。老人がひとり農作業をしている。この時期、まだ田植えはされておらず、水を張って

いるところ。田んぼの持ち主、三上謙三《みかみけんぞう》さん(72)は計5枚、3反の棚田でコメづくりをしている。

「田んぼの水は山水を使うとります。そのまんま飲めるぐらいきれいよ。家で使う水も地下水」

三上《みかみ》さんによると、このあたりの家は、どこも地下水を利用しているそうだ。しかし、下水は川へたれ流しだという。

「この、ちょっと上流の『三鉄プラント』って知ってますか?」

「ありゃあ、三江《さんこう》線つくるときの工事で使うとった。線路を敷くのにね。昭和50年ごろかね、20人か30人が、あそこで働いとりました。ダンプもたくさん行き来しとったですけえ。三江《さんこう》線ができてからは、そのままほったらかしてあるんじゃろう。もっと昔は、このへんはたたらが盛んで鉄の産地じゃったんですよ」

アニメ映画「もののけ姫」に出てきた村の光景が浮かぶ。

ふいごを使った日本古来の製鉄法が「たたら製鉄」。原料に使っていたのは、主に砂鉄だ。日本はカナダ、ニュージーランドと並んで、砂鉄の世界3大産地とされるほどだ。特に島根県斐伊《ひい》川の上流は良質の砂鉄が取れるところで、古来からそのあたりを中心にたたら製鉄が盛んにおこなわれていた(**日立金属㈱ホームページ参照。http://www.hitach-metals.co.jp/tatara**)。

名物アユうどん――「川の駅作木《さくぎ》」

県境を越えると広島県双三《ふたみ》郡作木《さくぎ》村。

しばらく走ると、「道の駅」ならぬ「川の駅」が――「川の駅作木《さくぎ》」。

「川の駅作木《さくぎ》」で昼飯。

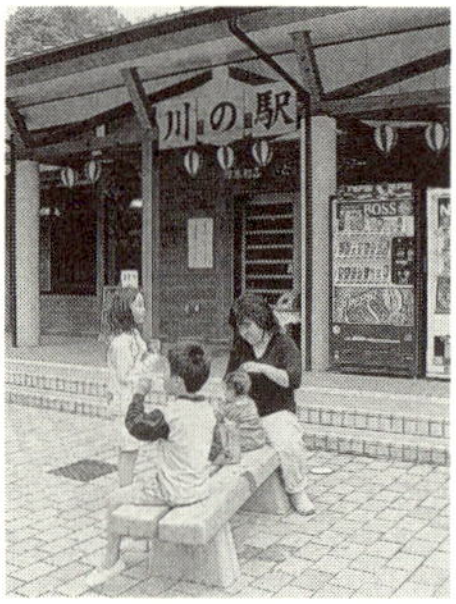

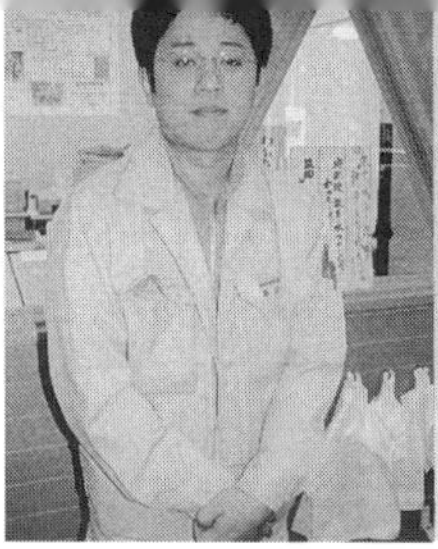 

お土産販売コーナー、展示コーナー、そして食事ができるスペースがある。

目玉料理である「アユうどん（800円）」を注文。使っているアユはすべて作木村《さくぎ》で取れたもの。アユの漁期は毎年5月20日ごろ（**友釣り解禁日**）からなので、この時期のアユは去年取れたものを味つけ加工したものをそのまま冷凍保存したものだ。

アユうどんが運ばれてきた。

――おお、すごい。うどんの上にアユが1匹のっている。

その名におそろしく忠実につくられた料理だ。そのストレートさに〝男気〟を感じはしたが、味のほうはいまいちだった。

「川の駅作木村《さくぎ》」の責任者、作木村《さくぎ》農業振興課の高田敦紀《たかだあつき》さん（34）によると、ここは作木村《さくぎ》、地元農協、地元森林組合による第三セクター事業として3年まえに完成したとのこと。

「道の駅に対抗したわけではないけど、川のそばだから川の駅と名づけたんですよ……じつはわたしもつい3週間まえにこちらにきたもので、江《ごう》の川のことはまだあまり知らないんです」

全国に散在する「川の駅」。なにやらむずかしい設立コンセプトがあるようだ。

『かつて舟運を通じて、上流と下流は交流・交易をしていた。しかし、道路網が整備され、交通の利便性が格段に進歩した現在、舟運は途絶え、上下流間の交流もなくなった。そんな時代のなか、「川の駅」は、流域が情報を共有し、人と人、また、人と川とがうまくつき合っていくための拠点としての役割を果たす』**（参考資料『まちの駅』公式サイト。http://www.machinoeki.com）**

「この川のことなら、ここから車で2、3分のところにある『カヌー公園さくぎ』の神田《じんで》所長に聞かれたらいいと思いますよ」

と高田《たかだ》さん。

オープンしたて、にぎわう「カヌー公園さくぎ」

ちょっと下流の「カヌー公園さくぎ」。

おりから、春の連休中。たくさんの人でにぎわっている。

「カヌー公園さくぎ」は、２００１年７月15日に仮オープンした。コテージ、管理棟、レストランが、まず営業を始めた。コテージは全室和室で、いろりつき。レストランの運営はすべて地元の人にまかせていて、メニューもすべて地元の主婦の方が中心になって考えたものだ。

本オープンしたのは、連休の寸前で、オート・キャンプ、水遊びゾーン、グループ・サイトなどの設備が整えられた。年間３万人の利用者を見こんでいる。目下のところ、利用客は、若者のグループが多い。

神田肇《じんでんはじめ》所長（40）は忙しそうに動きまわっていた。

「江《ごう》の川はよく水害を出してますが、そのマイナス面だけで川を見ないで、財産として生かしていこうという考えが基本にあるんです。だって『つくろう』思うたって、人の力じゃ川はつくれんのんじゃけ。このへんはなんもないところじゃけど、この江《ごう》の川こそがよそにない財産なんじゃないかねえ」

カヌーを楽しめるのは、公園を中心とした2・7キロ区間で、この流域一帯はアユの漁区となっているため勝手にカヌーを乗りまわすようなことはできない。

このあたりでは、アユ、ハエ、ウグイ、フナ、コイなどが釣れる。尺アユという30センチ級のアユが有名。しかし、ここのレストランのメニューにアユを使ったものはなかった。

『やまなみ大学』といって、地元のおじいちゃんおばあちゃんに先生になってもらって、その人が持っとる自然に関する知恵や技術を教えてもろうたりもしてます。このへんは広葉樹の天然林が多くて、キノコもよく採れるんで、キノコについての講習もあります」

「カヌー公園さくぎ」のまえを走る国道375号線は、以前は公園のメイン棟がある高さより、5メートルほど河川敷へおりたところを走っていたが、洪水対策で今の高さにつけ替えられた。

「カヌー公園さくぎ」ひと口メモ

広島県双三《ふたみ》郡作木《さくぎ》村大字香淀《こうよど》116　電話0824－55－7050

2002年4月完全オープン。カヌー教室、カヌー・レンタル、レンタル・サイクルなど大自然のなかでの遊びを提供。

キャンプ 1泊1人800円■オートキャンプ 1泊1人1000円■カヌー指導1500円■コテージ1棟12000円

（写真上から）カヌー教室　宿泊棟　レストラン　オートキャンプ場

「『アサヒビールの森』から濁り水」という噂《うわさ》話と現場管理責任者の反論

事務所のベランダに出て、川を見おろしながら神田《じんで》所長は、話をつづける。

目下の川では、ちょうどカヌー講習が始まろうとしていた。20人ほどの参加者たちがいる。小学生から熟年世代までの〝にわかカヌーイストたち〟は、河岸に集まってインストラクターから説明を聞いている。

下流に目をやると、左手に発電所。

「あれは中電（中国電力）の新熊見《しんくまみ》発電所。発電に使われた水は、発電所の目のまえの川へ流されてますが、汚水じゃないし、今んとこ、まったく問題ないですよ」

新熊見《しんくまみ》発電所は平成7年に完成。三次《みよし》の大鳴瀬《おおなるせ》にある取水口から熊見《くまみ》へ水路トンネルが走っていて、発電用の水をまかなっている。

「ところで、江《ごう》の川の最上流に『アサヒビールの森』があるのを知ってますか？」

「ああ、あれね。知ってますよ。うーん……あれは問題ですよ」

「え？　なぜですか？」

「林道をつけるために伐採を進めとるらしいんですが、切りっぱなしなんで赤土、泥水が流れ出るんです。ちゃんと対策をしてから伐採するのが普通なんですが。外向けにはええことばっかり言いよってですが、そういう事実もあるんです」

「実際に確認されたんですか？」

「……と言っている人がいます」

「アサヒビールの森」周辺で聞いた話（**『ヒューマン・ドキュメンタリー　森のなかで――アサヒビールの森人た**

MEOのなかで話す藤川さん

ち』参照）では、そのような声は、まったく聞かれなかった。やはり地域によって〝企業が所有し管理している森〟に対する受け止め方はいろいろあるようだ。

「アサヒビールの森」の現場管理責任者である藤川《ふじかわ》さんに、あとになって、このときの話をぶつけたら、憮然とした表情で、彼はきっぱりと言い切った。

「たしかに、当社の社有林の森の水は、全山が江《ごう》の川に流れています。作木《さくぎ》村へ流れる水は、布野村《ふのそん》のしもにある下赤松山《しもあかまつ》の山林からのものですね。この下赤松《しもあかまつ》山の林況は、全面積73ヘクタールのうち、スギ、ヒノキの人工林が31ヘクタール、残りの42ヘクタールは天然林、広葉樹ですね。この57パーセントの天然林は、森林を守る保護樹帯、災害防止林なんです。作木《さくぎ》村の方が非難されている歩道や作業道の管理ですが、年1回の草刈りをやり、道路面の整備を年3回は行っています。作業道の路面を水が流れれば、たしかに濁り水になりますが、うちの森から大量の濁り水を江《ごう》の川に放出しているなんてことは、絶対にありません。その点は、三次《みよし》市の広島県備北《びほく》地域事務所林務課が、現地（**谷、小川など**）を確認済みです。濁り水が出ているのは、県、市町村が管理している作業道、林道ではないでしょうか。村民の個人の作業道も管理が行き届かなくて整備されていないのが現状です。作木《さくぎ》村の方に、当社の山林管理技術を見ていただきたいものです……どこも森の経営管理が大変な今の時代に、企業が年間1億2400万円も予算を組んで、きっちり森の管理をやっていることに対して、まあ、いろいろとやっかみや中傷が多くてね……わたしたちは、国土の保全、森をつくり森を守り愛する気持ちを持って、所員一丸となってやっているんです。信じてください」

〝河川の濁り問題〟は行政、企業、個人林業家など複数の当事者が入り組んでいて事実の確認とその解決をひとつひとつ積み重ねていくことが大切であることは、みんなわかっていながらも、なかなか先に進まないし、いろんな誤解も出てくるんだな、としみじみ思った（**本書のあん・まくどなるどの『序——エコ・リンクスのことなど』の論調参考**）。

……さて、くだんの神田《じんで》所長は、その話をこう締めくくった。
「この道の向こうに立畑《たてはた》さんゆう人がおります。その人が昔の川の様子をよく知っとってですけえ、訪ねてみちゃったらええですよ……あ、ちょっと待っててください。今日は立畑《たてはた》さん、うちで働いとるはずじゃけ」

立畑《たてはた》さんの自然流生き方

コテージをたずねると、立畑房五郎《たてはたふさごろう》さん(77)は掃除機を持って清掃中だった。

「わしなんかで話になるかね。まあ、もうすぐ仕事終わるけえ待っといてもらえますかいね」

15分ほどして、立畑《たてはた》さんが仕事を終えて事務所に入ってきた。

「いやあ、お待たせしましたねえ」

作業服に野球帽をかぶった立畑《たてはた》さんは、汗を拭いながら腰をかけた。仕事中に引っかけたのか、野球帽にクモの巣がぶらさがっている。

立畑《たてはた》さんは、先ほどの「川の駅」の近くで生まれた。18歳で兵隊に取られ、中国の戦地へ赴くことになった。

「20歳で終戦を迎えたんじゃけど、1年ほど戦犯として向こうに残ったんですよ。上海《しゃんはい》で軍事裁判があってね、宿舎と裁判所との往復の日々でした」

結局無罪放免となり、昭和21年8月13日に日本へ帰還する。その年の10月、ご当地の香淀《こうよど》へ養子にやって来て、翌月には嫁をもらった。

「あのころはおかしなもんでね、結婚するまで相手の顔も見たことなかったんよ。新婚旅行は三次《みよし》じゃった。今じゃ考えられんじゃろうが、あがあな時代じゃったんですよ」

春の中流地域　釣り人の姿は少なくて……

その後、架線士の免許を取り、山から木材を運び出す架線士の仕事に就いた。

「今はユンボで運んでしまうけど、あのころは、山のなかに架線を張ってそれで運んどったんですよ。55歳までその山仕事をやっとりました。28歳ぐらいから江《ごう》の川でアユ漁もやりだしたんよ。そのころは網を張って獲っとったんじゃが、夏んなると1日1000匹ぐらいのアユをあげとった」

このあたりは毎年6月10日からアユ漁が解禁になるが、発電所から水路を伝って流れてくる水は冷たすぎて、7月に入らないとアユも取れにくいという。たしかにこの時期、アユ漁はまだ解禁されていないにしても、釣り人の姿はあまり多く見かけなかった。

一転、その夏にふたたびご当地を訪れたときには、おどろくほど多くの釣り人の姿が、江の川にあった。

……8月1日、比和《ひわ》町内比和《ひわ》川（須《す》川）は、アユ漁をしている人であふれ返っていた。

100メートルおきに、ひとり、ふたり……みんな黒いスウェット・スーツ、水中眼鏡に、投網のいでたち。

「ちょうど今日が網漁の解禁日よ。8月1日から3月31日まで」

安部頼夫《あべよりお》さん（66）は庄原《しょうばら》市内で葬儀屋を営む。アユ漁歴30年の大ベテランだ。

15匹ほどのアユが、網のなかで跳ねている。

「今日はここへ来るまえに、庄原《しょうばら》で70匹獲ってきたんよ。自分でも食べるが、あとは親戚やら近所にみなあ

飯田さん

げるよ」

　少し誇らしげで、気持ちよさげで……。

　一息つくと、阿部《あべ》さんは川面へ網を放ち、あとを追って水のなかへ飛びこんでいった。

　阿部《あべ》さんといっしょに来ている飯田求《いいだもとむ》さん（62）は、1年まえに始めたばかり。

「いやー、なかなかうもういかんねえ。投げる場所も、投げ方も、コツがあるんじゃけどね」

　飯田《いいだ》さんも網を放った。

　泳いで行き、網をあげた飯田《いいだ》さんが首をかしげている。一匹も捕れていない。

　友釣りとちがって、網漁、なかなか豪快な漁である。


　話が飛んでしまった。

　立畑《たてはた》さんの話にもどる。

「炭焼きもやっとりましたよ。昭和40年ごろで、15キロの炭俵1俵1500円ぐらいじゃったかね。どの家も炭焼きで暮らしとったけえ。香淀《こうよど》は、昔16軒民家があった。まあ、あまり産業がないとこで生活できんけえゆうて、今じゃ5軒になったんよ。おかしいもんで、人が少なくなると、人と人との確執みたいなもんが生まれてくるんよね。おたがいに『負けとうない』ゆう気持ちが出てきてね。カヌー公園ができて人がたくさん出入りするようんなったのはえかったですわ」

じつは、このカヌー公園の敷地はもともと立畑《たてはた》さんの土地だった。10年ほどまえから少しずつ買収されていった。替地で6反の田んぼを手に入れた。

「若いころからここで生活してきたけど、昔の景色は全然ないですよ。新しい国道もできて、護岸も整備されて、発電所もできてね。でも、そういう設備そのものよりも、それで人が来るようになったことが、いちばんえかったんですよ。人が来れば地域も、また人間的にも裕福になれるでしょ」

この立畑《たてはた》さん、高齢にもかかわらず、カヌー公園の清掃以外にも仕事をこなす。

「今はカヌー公園の清掃、作木《さくぎ》村のダスキン、それに中国新聞の配達を48軒やっとります。新聞配達は2回表彰してもろうたことがあるんよ。10年目と、15年目で。今年がちょうど20年目じゃけ、また表彰してもらえるんじゃなかろうか。あと、昔、架線の仕事をしとった関係で、作木《さくぎ》村内の電線は、ほとんどわたしがつけさせてもろうたんよ」

月収15万。年金にはまったく手をつけていないという。

立畑《たてはた》さんと話していると、肩の力がふっと抜けてくる。武勇伝を吹聴するわけでも、どでかい夢を語るわけでもない。自分がめぐりあった仕事とともに、マイペースで自分の生き方を貫いてきた。その陰にどんな苦労があったのかは、うかがい知ることはできない。着実に自分の生活をしてきた人だからこそできるような柔らかい笑い顔が印象的だった。

「どんなこともみな、楽しんでやったけえ。ひとつひとつね。『わしに仕事をやらしてくれるんじゃけ、ありがたくやらしてもらおう』いう気持ちですかね。まじめに、ほんでなにより楽しんでやれば、きっと結果

は出ると思います」

「カヌー公園さくぎ」と道ひとつはさんで、立畑《たてはた》さんの炭焼き小屋があった。今も炭を焼いている。立畑《たてはた》さんとそこで別れた。

カヌー講習を終えた人たちが、ぞろぞろと川からあがってきて、遅めの昼食をとりにレストランへなだれこんでいった。

江《ごう》の川遡行《そこう》は、まだ道なかば。

ワニはどこから？

古きよき時代の日本のお母さん

さらに上流へ。道がやたら細くなる。

「カヌー公園さくぎ」から車で約20分のところにかなり大きな製材所があった。スギやヒノキの丸太が所狭しと積まれている。その敷地の裏手は、徐々に流れを早めてきた江《ごう》の川。

連休中の作業場をうろつく。だれもいない。道路をはさんだ山側にある家から、こっちを見つめている女性がひとり。

「なんでしょうかあ？」

とか細い声で呼ばれた。

この藤間《ふじま》ハルエさん（75）の家族が、製材所「藤間《ふじま》木材」を営んでいる。

なんていうこともない合流点

家の横にある畑で農作業中だったハルエさんのもんぺに、ところどころ土がついている。

「昭和21年だから、おじいさんの代からやっとるんです。おもに島根、山口、徳島で伐採されたスギを製材して、京阪神《けいはんしん》へ出荷しとります。昭和47年の大水のときは、目のまえの川が溢れて、事務所の机が引き出しの上まで浸水しましたよ。ほんま、ひどい大水じゃったんです。すぐそこに見える橋は、その大水のあとに架かったんですよ。以前は渡し舟が、向こう岸とのあいだを往き来しとりました。なかなか想像がつかんでしょう」

ハルエさんは、ゆっくりとした口調で、丁寧に話した。「古きよき時代の日本のお母さん」という言葉がしっくりくる人。

ひととおり立ち話が終わると、ハルエさんは、おもむろに畑仕事へもどっていった。

3つの川が三次《みよし》市で合流

三次《みよし》に近づくにつれ、道幅が広くなってきた。左手に江《ごう》の川を見ながら、ひさびさに広い片側1車線道路を快適に走る。

三次《みよし》市街への入り口にある赤く塗られた祝橋を渡った。橋の上から3本の川の合流地点が見える。江《ごう》の川本流、馬洗《ばせん》川、西城《さいじょう》川だ。三次《みよし》市より上流では、江《ごう》の川は「可愛《えの》川」と名を変える。昭和47年7月の大水では、このうち馬洗《ばせん》川の堤防が2か所決壊し4800棟以上の家屋が浸水した。

もうそろそろ上流域と言っていいほどの地点だが、三次《みよし》盆地で一息ついている川の流れは案外ゆるやかだ。川の中州には、葉の少ない木が数本、さみしくたたずんでいる。

対岸では釣り人が、慣れた手つきで川のまんなかに糸を投げ入れている。

ちょうど午後4時。

――江《ごう》の川遡行《そこう》のひとつの区切り地点になるだろうと思っていた合流地点だけど、見た目は、なんのことはないな、3本の川が合体しているだけじゃないか。

なんとなく、ちょっと、がっかりする。

日が傾いてきていた。

――暗くなるまえに今夜の停泊場所、君田《きみた》村へ急がなければ……。

君田《きみた》温泉「森の泉」は、いい湯だな

広島県双三《ふたみ》郡君田《きみた》村にある君田《きみた》温泉「森の泉」。低料金（大人600円）のわりに、趣のある露天風呂が備わった温泉の駐車場にMEOで1泊。ゆったり温泉につかったあと、なかにある和風レストランで久しぶりにワニのサシミを食べる――やはり、まずい。

翌早朝、「森の泉」のまえを走る国道375号線から左に折れて、県道39号線へ。島根県との県境へ、この道はつづいている。

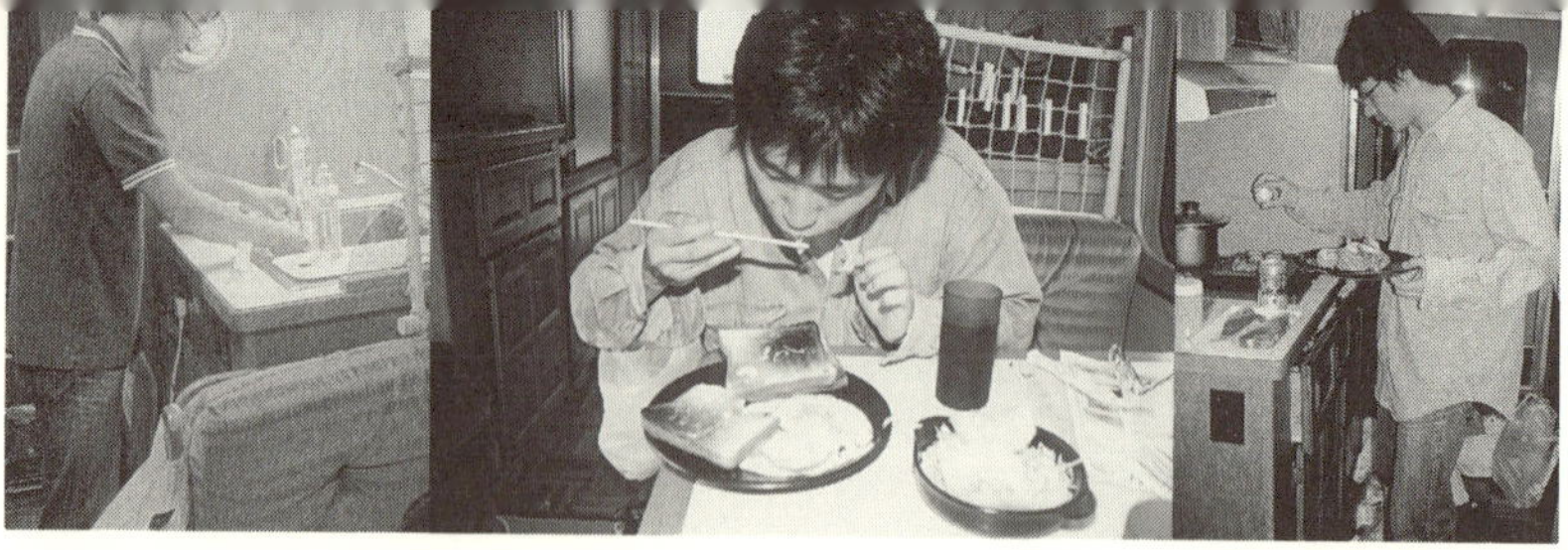

「ふれあい館」で買った材料で料理をつくって　食べて　あとかたづけ

君田温泉「森の泉」ひと口メモ

双三《ふたみ》郡君田《きみた》村大字吉田《よしだ》311－3
電話0824－53－7021

森に囲まれた露天風呂はムードがあり、掃除も行き届いていて好印象。隣接する「ふれあい館」の「おはよう市」では毎朝焼きたてのパンや、地元で取れた農作物を販売。

しかし、なによりここは人の応対に暖かみがある。休憩室にパソコンを持ち込み、勝手に電源を使わせてもらっていたが、笑顔で「お仕事ですか？　どうぞごゆっくり」

MEOに水を補給するために水道もこころよく使わせてくれた。2日目、駐車場横にあった電源から、延長コードを使ってMEOに電気を引き込んでいたら、さすがに止められた。

館長さん、ごめんなさい。

「最近は水の量が減って、虫が増えたねえ」

君田《きみた》村の櫃田《ひづた》という集落まで来ると江《ごう》の川（ここでは支流の神野瀬《かんのせ》川になっている）は、もうすっかり細くなって、川幅は4メートルほど。上流域にふさわしい大きな石にぶつかりながら、それでも水はまだゆっくりと流れている。

人口石でびっしりと整備された河岸がしばらくつづく。

上流では　まだこんな昔ながらの風情のある川が　ところどころに残っている

川沿いに小さな公民館ふうの建物がある。「君田《きみた》村健康管理センター　昭和63年第3期山村振興農村漁業対策事業」と書かれた看板が、ひっそりと……。なかでは、おばちゃんがふたり、廊下に置かれたソファーに腰をおろしてよもやま話に花を咲かせている。

「ここは出張診療所なんですよ。今日は、なんか体がぐずぐずするけえ、ちょっと診てもらおう思うて来たんです」

と、おばちゃんのひとりが話す。

隣に見える和室には、おおぜいのおじちゃんやおばちゃんたちが集まっていて、井戸端会議の輪ができている。

廊下のおばちゃんの話では、今来た道を車で10分ほどもどったところにある君田《きみた》村役場脇の診療所から、毎週火曜日に先生が回診に来るそうだ。今日もあと5分もすれば先生が来るはずだという。

「まえは火曜と木曜に来てくれとったんじゃけど、この4月から火曜のみの回診になってね。月曜と木曜にはバスがまわってきて、患者さんを拾って君田《きみた》の診療所まで連れて行くんですよ」

重い病気の場合は、三次《みよし》市まで診てもらいにいくことが多いという。

「櫃田《ひづた》は広いけど、仕事がないけえねえ。若いのはみな町へ出るね」

「ほんで年寄りはポンポン死ぬし」

と、おばちゃんふたりは顔を見あわせ、くったくなく笑った。

「おいくつですか？」

「え？　歳のこたあ、ええですよ。まあ、天皇陛下は3代目じゃけど」

「昔はね、目のまえの川でよう遊びよったんですよ。最近は水の量がぐっと減って、虫が増えたねえ。川にはアユを放流しとるんじゃけど、昔は網ですくって獲るぐらいいようけおったねえ」

おばあちゃんは、こもごも問わず語りに語る……樋田《ひづた》の家庭から出る生活廃水は、まだ下水道が整備されていないので川へ直接流していること、ここではトイレは汲み取り式がごく普通、などなどの話を。
なかなか先生が来ない。

都心の大病院から一転、山村の診療所へ

――先を急ぐか。先生と会うのはあきらめなきゃあな。

そう思い外へ出ると、白い車がスーッと目のまえに停まった。白衣を着た男性ひとりと、看護婦さんふたりがばたばたと降りてきた。

「こちらに診察に来られた先生ですよね？」

「ええ、そうですが、なにか？」

「江《ごう》の川をエコ・ツアーとシャレのめして、河口から源流まで遡《さかのぼ》ってるんですが……少し、お話をうかがえますか？」

「ええ、わたしの話でよければ」

と歯切れのいい返事が返ってくる。

荒瀬秀治《あらせひではる》先生（52）は、君田村《きみた》の診療所に来るまえは東京医科大学付属病院のＩＣＵ（集中治療室）に勤務していた。一転してこの田舎暮らし。

「おもしろいですよ。僻地に来てみたかったわけじゃなくて、来てみたら僻地だった、いう感じですけど」

君田村《きみた》の診療所は、この3人のほかに事務がひとりと看護婦がもうひとりいるという。

「じつはわたしの専門は外科なんですけどね……ここでは、なんでも屋ですよ」

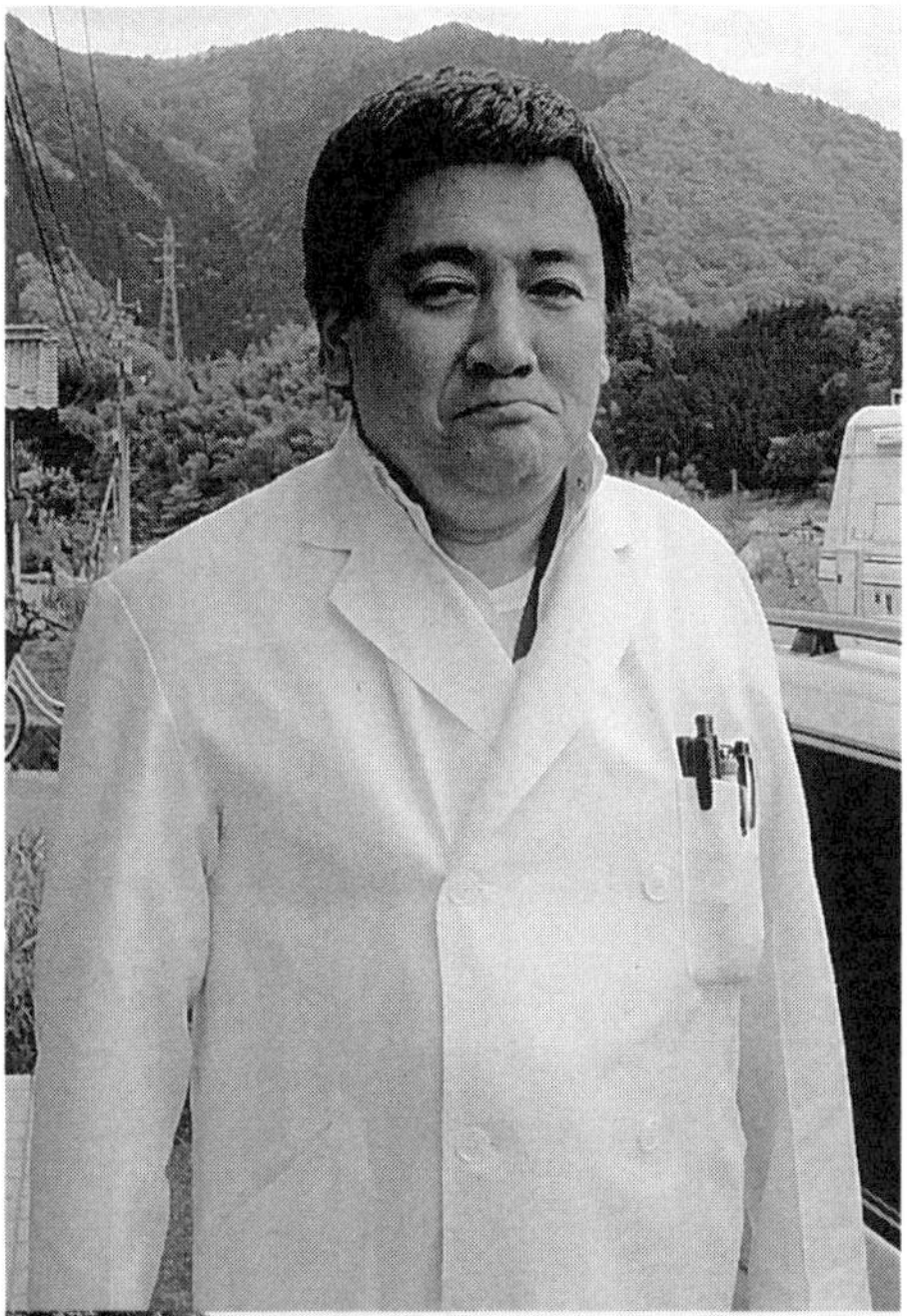

と、ちょっと、おちゃめな感じで荒瀬《あらせ》先生は声をひそめて言う。

「目のまえを流れている江《ごう》の川の印象はどうですか？」

「この川はね、ちょっと雨が降っただけで真っ黒い流れになるんですよ。道路整備のせいですかね？　ここから上流のほうには、民家は少ないんですよ。数えるほどしかない。それなのに、見てくださいこの道路。きれいに舗装されてるでしょ。はじめてここに来た当初は、『山を削ってまで、なんでこんな立派な2車線の道路が必要なんだろう』と思いましたよ。地元の人に、よくよく聞いてみると、これ、もともと昔ダムをつくるためにできた道なんですね。今のような道路整備工事がはじまったのは5、6年まえじゃなかったかな」

たしかに、今立っているこの立派な道、のんびりとした山村の風景に溶けこまない。

ここまで川に沿って走ってきた道程で、このようなどこかぎくしゃくした風景を、無意識のうちに数多く見すぎてきた。いつのまにか、これが〝日本の山村の絵〟として、心のひだにインプットされてしまったのだろう。〝昔のままの風景〟などないのが当然という気分に自然になってしまっている。

「立ち話が長くなりました。そろそろ診察に行かないと」

荒瀬《あらせ》先生は、すでになかで仕度を整えていた看護婦さんのほうを見やって、きびきびずかずかと診察室へ乗りこんでいった。

あっちもこっちも「道路工事中」

江《ごう》の川沿いを走るきれいな2車線道路に乗り、さらに上流へ。

200〜300メートルおきに民家があらわれる。道路工事の進み具合によって、突然、すれちがうのも難しいほど道幅が狭くなったり、また広くなったり。あちらこちらで、「工事中」。

途中、立派な2車線道路をえぐるように道側へ飛び出した民家が一軒。振り返ってみると、ぽつんと孤島のように残されている姿がよりはっきりとわかった。おそらく道路工事にともなう立ち退き要請に、頑として首を縦に振らなかった人の家なんだろう。

ところどころに天然石を使った真新しい堤防がある。最近の流行り——「護岸工事を〝自然体〟でもやっているんですよ」という行政の姿勢を、これ見よがしに自己主張している風景だと受け止めると、なにか微笑ましい。でも、これはほんの一部。たいていの川岸はコンクリートで固められている。

上流へ道を進むにつれ、だんだんと道路工事の進み具合にむらが出てきた。整備された2車線道路と、古い一車線の道が交互につづく。

〝畏れ〟を感じた沓が原《くつがはら》ダム

工事中の長い道を抜けると、沓が原《くつがはら》ダムである。

コンクリートの堤体を境に、下流側は大きな岩がむき出しの河原がつづき、水量は極端に少ない。上流側はせき止められた水が湖のように豊富に貯めこまれている。

沓が原《くつがはら》ダムは、昭和17年6月に竣工した。集水面積75万立方メートル。

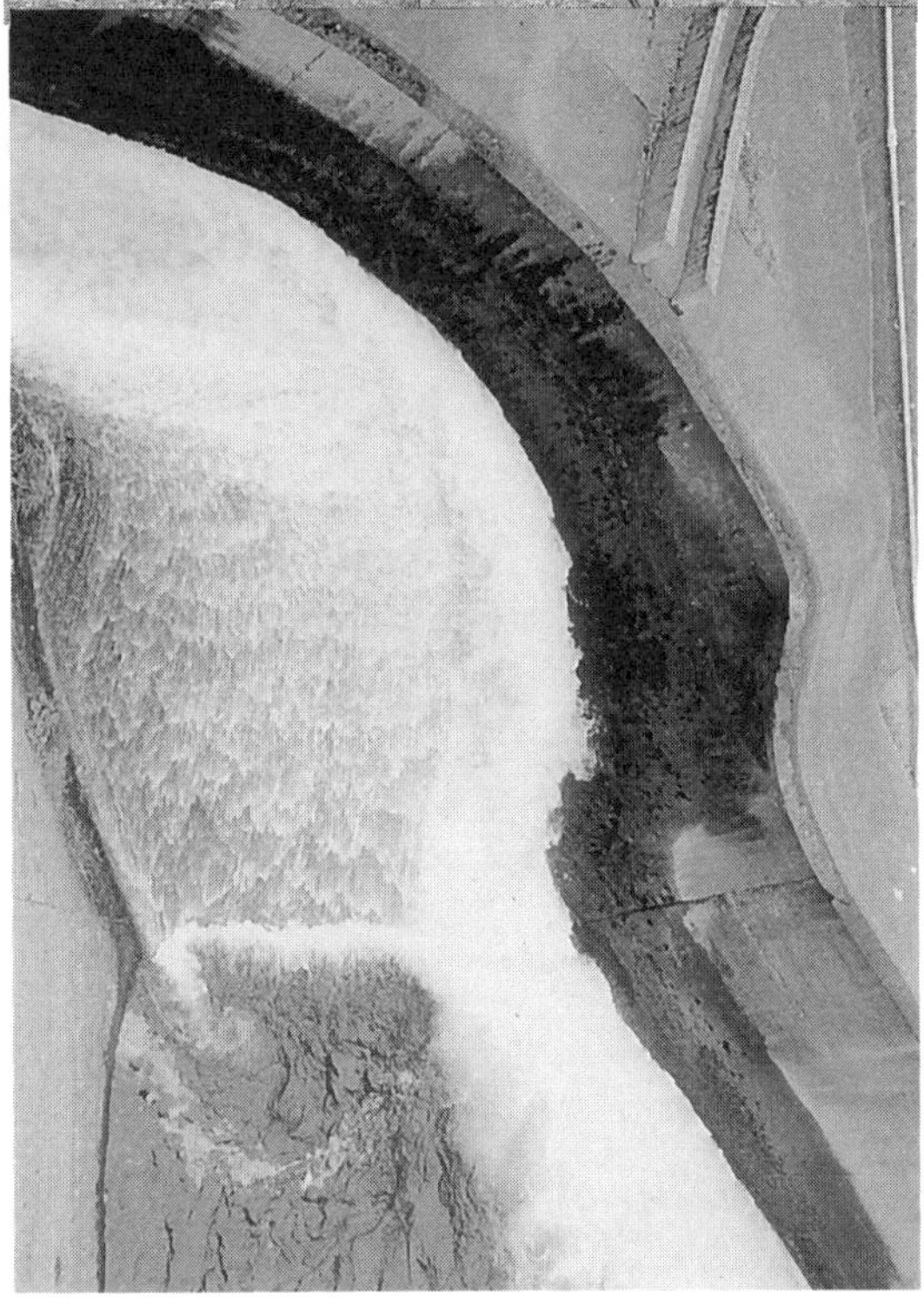

人の姿はない。堰の上に立って、しばらくダムを見ていた。

——よくこんなものつくったなあ。

というのが率直な思い。批判をしたいわけではなかった。

——そのマイナス面をあれこれ指摘するには、ダムについて知らなさすぎる。正直言って、今、かしましい「ダム論争」に一方の旗頭的〝論陣〟を張り、蘊蓄《うんちく》を傾けるほどの知識はないけど……でも、このあたりの風景って、〝ダム以前〟はまったくちがっていたんだろうなあ。

この場所の風景を一変させたこの建造物に、なにか、いわれのない〝畏れ〟のようなものを感じたのは、たしかだった。

まえを見ればたっぷりと水を蓄えたダム湖、うしろを振り返れば20メートル落ちこんだところを細々と流れる神野瀬川《かんのせ》。それを隔てるコンクリートの上に、頼りなく立っている。

沓が原《くつがはら》ダムひと口メモ

広島県双三《ふたみ》郡君田《きみた》村。昭和17年6月完成。堤防の高さ19・5メートルの高ダム。

1・5キロ上流にある神野瀬《かんのせ》発電所で使われた水がここにたまり、さらに下流の君田《きみた》発電所と森原《もりはら》発電所で使用される。

その後、三次《みよし》市内へと流れる西城《さいじょう》川へ放流される。

（資料『高暮《こうぼ》ダム・沓が原《くつがはら》ダム』[中国電力]）

ダムの上を行く郵便配達の人

ダムの管理棟のそばに、備北《びほく》交通のバス停がある。
裏側に書いてある時刻表。

平日　神野瀬《かんのせ》行き　8：40　15：41　18：23
　　　三次《みよし》駅行き　7：12　8：53　16：36
日・祝日は運休

１日３本、山道（県道456号線）を走ってくる地元路線バス。
――こんな山奥で１分刻みの運行予定か。いかにも、日本的でおもしろい。

川底から温泉が？　神野瀬峡《かんのせきょう》キャンプ場

ダムからさらに上流、5分ほど車で走ったところに「神野瀬《かんのせ》ふれあいプラザ」があった。１００台は入れる広さの駐車場に、10台ほどの車が停まっていた。神野瀬《かんのせ》川は谷川となって、あいかわらず道路脇を流れている。駐車場のほとりに「君田《きみた》診療所神野瀬《かんのせ》出張所」とある。荒瀬《あらせ》先生たちがここにも回診に来るのだろう。

この「ふれあいプラザ」をはじめ、もう少し上流に行ったところにあるキャンプ場などを含めて、このあたり一帯は「神野瀬《かんのせ》峡県立自然公園」に指定されている。

神野瀬《かんのせ》峡は、広島県の自然環境保全地域に含まれる景勝地。一帯の美しい景色をつくり出している神野瀬《かんのせ》川は広島県高野町《たかのちょう》にある猿政山《さるまさ》に源流を発し、途中、和南原《わなんばら》川と合流して流れは南下していく。その後、かつて広島県下最大のダムであった高暮《こうぼ》ダムに至る。流域の耕地を潤しながら、三次《みよし》市内で江《ごう》の川と合流する。

川のそばの「神野瀬《かんのせ》峡キャンプ場」は、テントが張れるスペースと、かまど、トイレがあるだけの簡素なところ。河原には、火をおこした跡がいくつかある。川のなかには、露天風呂をつくったあとらしい痕跡もある。

キャンプ場の説明看板には、『このあたりの川底には硫黄泉が湧く』と書かれている。川へおりて川底をあちこち掘ってみたが、一向にお湯が湧いている気配はなく、山水の冷たさに足がかじかむだけだった。

このあたり、ヤマメ、ニジマス、コギ（イワナ）などが釣れる。現在はほとんどが植林の国有林だが、古代は深い森林のなか、たたら製鉄が盛んで人の往来もはげしかった場所である。

神野瀬《かんのせ》峡キャンプ場写真メモ

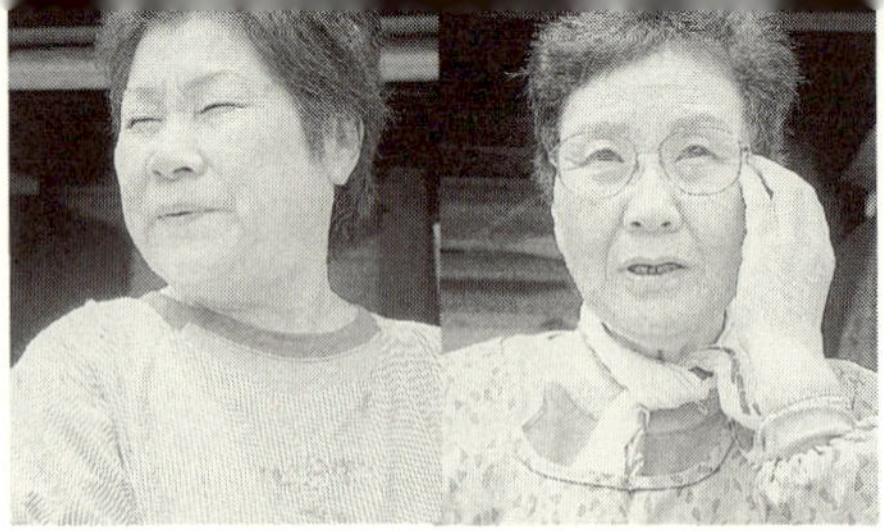

黒口緑《くろくちみどり》さん　　一本木清子《いっぽんぎきよこ》さん

「ダムとダムのあいだには、魚はよう棲まん」

キャンプ場の上流、約500メートル。奇妙な山小屋がある。平屋建ての民家だが、道に面した側には壁がない。

小屋のなかに女性、ふたり――一本木清子《いっぽんぎきよこ》さん（75）と黒口緑《くろくちみどり》さん（73）。

ふたりは、こもごも語る。

「昔この場所に住んどったんじゃけど、はあ、町へ移っていったけえ。この場所をなんかに使いたいのお思うて、木材と鉄骨で自分らで山小屋つくったんよ」

ブロックの土台の上に畳が4枚。赤いちゃぶ台が置かれ、切り株の椅子も無造作に置いてある。

「昔言うても、もう40年ぐらいまえになるんかねえ。下へ田んぼも持っとったんです」

今この山小屋の庭では、トウモロコシやダイコン、アケビ茶の栽培をしている。

「まえは、ここより上のほうへ民家が何軒かあったんじゃけど、今は上へ行っても民家はないですよ。うちが最後。空き家が見える思いますが、そこも昔は人が住んどっちゃった」

「川は変わりましたよ。昔は川幅いっぱいに水がダーッと流れとったけえ」

「アユやらマスやらがいっぱいおったんよ。山はキノコがよう採れよったし」

「今はなんもないね。国有林がスギやらヒノキばっかり植えたじゃろ。じゃけえ、キノコがずいぶん減ったね」

「ダムができたんは、わたしらが子どもの時分。魚がおらんのは、ダムの底から冷たい水が流れてくるけえじゃないかね。水のきれいさ自体は変わっとらん気がするけどねえ……ここは、上にもダム、下にもダムがあるんじゃけど、『ダムとダムのあいだには、魚はよう棲まん』言いますけんのお……上のダムの上流には、

いっぱい魚がおるし、下のダムの下流にも魚がいっぱいおるのにねえ」

と最後にため息まじりに緑さん。

魚もいなくなったし、40年まえの風景は、もはやそこにはないが、機会を見つけては、家族や親戚たちも連れてこの山小屋を訪れるという。

……江《ごう》の川支流、神野瀬《かんのせ》川の上流域最後の家をあとにして、さらに上流へ。

巨大要塞「高暮《こうぼ》ダム」は、朝鮮半島の人たちの労働力で

ますます道は細くなった。車幅ぎりぎりの山道を慎重に進む。右側5メートルほど下の谷を神野瀬《かんのせ》川が流れる。小雨が降り始める。ひやひやものの運転……。

ゆっくりゆっくり一時間ほど進むと、「高野町《たかのちょう》」の標識。

すぐ前方に〝巨大要塞〟が立ちふさがる。山と山とのあいだにはさまるように構えているコンクリートの塊が、かつて広島県下最大のダムであった「高暮《こうぼ》ダム」だ。このダムは、地元広島をはじめとした小学生などの〝平和学習の場〟としても知られている。

〝巨大要塞〟の向こうには、静かに水をたたえたダム湖が広がる。静寂、清浄、神秘、深淵……すべての〝形容詞〟が、色あせる風景。先ほどまでの深い山のなかとかけ離れた、思いも及ばない光景。一面の水。とにかくでかい。人気はまったくなく、先ほどから降り始めていた小雨が、まわりの木々を打つ音だけが聞こえる。

浮き世離れした気分に支配される。

――『甲子園球場の60倍の広さ、貯水量3585万8千立方メートル』というデータになんの意味がある? でも、山の奥深いところにこれほどの〝建造物〟があることだけは、厳然たる事実だ。人はどんなときに、こんなものをつくろうという気持ちになるんだろうか?

ダム湖を見渡せるスペースに案内パネルがある。

パネルのまえに立つと、

「案内テープの押しボタンをご利用くださいっ!」

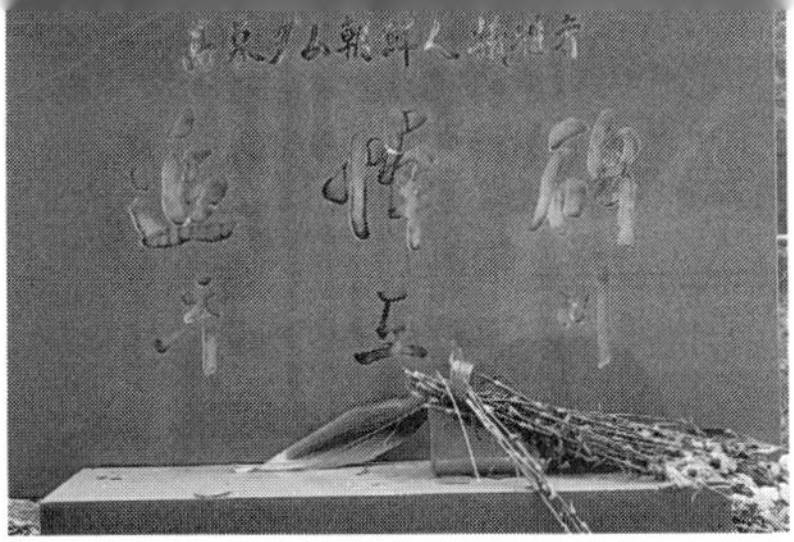

と甲高い機械の声がスピーカーから飛んでくる。

——はい！　わかりました。

反射的にボタンを押すと、

「いらっしゃいませっ！」

——ここはデニーズか！

と突っこみたくなるほど、この場の雰囲気になじまない言葉がつづく。

……正午をまわったばかりなのに空はどんよりと薄暗い。雨があがった。

「四季を通じて美しい景観に囲まれた高暮《こうぼ》ダムは……ペラペラペラ……ペラペラペラ……地元をはじめとした日本人はもとより、朝鮮半島の人たちの労働力により昭和24年12月に完成し……」

——ん？

機械による抑揚のない説明口調に対する〝拒絶反応感〟のせいで、思わず聞き逃してしまうところだった。

ダム建設着工が昭和15年3月ということからして、その〝朝鮮半島の人たちの労働力〟が、日本政府によって強制連行された〝かの国の人たち〟を指すことは明らかだった。

この山奥で、人海戦術によって工事が進められている光景が頭をよぎった。

——今、このダムにたどり着いた〝道〟、これから、さらに先に行こうとしている〝道〟の基礎は、このときの労働でつくられたんだ。

ダム建設当時、2千人とも3千人ともいわれる〝朝鮮人〟（当時の用語。以下同様）が強制労働させられたという記録が残っている。また、ダム近くの集落に今も残る「料亭跡」があるが、そこで〝朝鮮〟から連行された慰安婦たちがダム建設工事の幹部たちの相手をさせられていた、という証言もある。

案内パネルの右側には「殉職者慰霊碑」「追悼碑」と書かれたふたつの石碑がある。置かれてから時間が経ったことがうかがえる黄ばんだセブンスターの箱と、枯れた花、色あせた折鶴が供えてあった。

——しかし、〝殉職者〟のうち、いったいどれだけの人が自ら望んでダム建設に従事したの？　職に殉じる意思も覚悟もない人が、ほとんどだったんじゃない？

たしかに、国のためだと進んで現場に出た者もいただろう。でも、貧しさのため危険を承知で日銭稼ぎをせざるを得なかった者、わけもわからず〝朝鮮〟から連れてこられ、辺鄙《へんぴ》な山奥での厳しい労働を課せられた者などなど、その背景はさまざまだろう。しかし、慰霊碑のなかでは、みな一様に〝殉職者〟だった。

慰霊碑から少し離れた場所にも石碑がある。

「日朝友好」「追悼碑」の文字が刻まれている。１９９５年７月。おそらく戦後50年目の節目に立てられた石碑なのだろう。

『……多数の朝鮮人を強制連行し、苛酷な労働を強制して建設された。植民地支配が悲劇を生んだ。このことを反省するとともに、日本とアジアの平和を守る決意を……』

とその石碑には書いてある。

——おい、おい、おい！

なんだか納得できない気分。

はじめに聞いた案内パネルのテープの声がよみがえってきた。

「最後になりましたが、安全、便利、クリーンな電気エネルギーを通して、お客様の快適な暮らしに役立つ……」

——おい、おい、おい！

……とにもかくにも、ここで電気がつくられ、水道水をまかなうために水が貯めこまれている。

〝無手勝流ノンポリ派若年層代表選手〟のレポーターの正直な感想と反省。

このダムに来てみて、今のわれらの〝快適さ〟がどうやって築かれてきたのか、なにに支えられているのかについては、もっと知りたいと思った。そして、もっとたくさんの人に知られてもいいのではないか、とも思った。

——今、安易に乗っかっている〝生活の基盤〟の背景には、なにか思いも及ばないものが存在しているのではないか？

小学生が千羽鶴とともに添えたメッセージが目に入る。

『（ここで働いた人たちは）家の人と離れて、寂しかったと思いました』——そこに共感できるこの小学生は、やがてこの〝ダムのすべて〟を深く理解していくのかもしれない、今の日本に希望がないわけではない、と思った。

また、小雨だ。

「高暮《こうぼ》ダム」をあとにした。

高暮《こうぼ》ダムひと口メモ

広島県双三《ふたみ》郡君田《きみた》村。昭和24年12月完成。堤防の高さ69・4メートルの高ダム。

中国地方では新成羽川《しんなりわがわ》ダムについで、総貯水量第2位の巨大なダム。

高暮《こうぼ》ダムにたまった水は下流の神野瀬《かんのせ》発電所で使用される。

高暮《こうぼ》ダムの下流周辺は神野瀬《かんのせ》峡と呼ばれ、広島県自然環境保全地域に指定されている。

（資料『高暮《こうぼ》ダム・沓が原《くつがはら》ダム』［中国電力］）

源流にたどり着く

江《ごう》の川の源流を求めて遡行《そこう》を始めてから5日目。

いくつもある支流のなかで、神野瀬川《かんのせ》へターゲットを絞り、いよいよその最上流域に近づいてきた。

横谷《よこたに》新道へ折れ、県道110号線に入る。「大型車通行困難」の表示が出ている。

――また緊張しながらの運転か！　いいかげんにしてくれ！

川幅は、このあたり、およそ3メートル。自然のまま、手つかずの土手がつづく。両側には、きれいに整備された杉林が広がっている。ひさびさに、ほっとする風景。

俵原山《たわらばら》（1167メートル）へ入る林道に辿り着いた。

川幅は2メートル足らずになっている。水はまさに透明で、岩肌には明るい緑色をした苔がはえている。

ここまで来るとさすがに、文字どおり〝手つかずの清流〟といった趣が出てくる。

川沿いの道端には、摘みどきを逸したツクシが天に向かって大きく伸びている。

両脇の杉林には、わりと新しい間伐材がころがっている。つい最近、人間の手が入った息吹が、そこはかとなく漂っている。

山の斜面につくられた石壁に埋めこまれたいくつもの樋《とい》から、山水が滴り落ちる。落ちた水は側溝を通り、ほとんど用水路程度にせばまってきた神野瀬川《かんのせ》に流れこんでいる。

――ちょろちょろ湧き出ているこの山水が集り、江《ごう》の川になって海まで注いでいくんだなあ。たいしたもんだ。

ぐるぐると山道を駆けあがって10分ほど。斜面に、こんこんと水が湧き出してる穴が……。苔むした石の

あいだから清水が勢いよく流れ出ている。

――ここだ！　ついに江《ごう》の川の源流に辿り着いた！

江《ごう》の川の支流のひとつである神野瀬《かんのせ》川の源流ではあるが、たくさんの支流を寄せ集めながら流れていく江《ごう》の川の源流のひとつであることはまちがいない。

とりあえず、その清水で顔を洗う。冷たさがとても心地いい。

――今、こうやって手からこぼれていった水が、河口の江津《ごうつ》市にたどり着き、日本海に注ぐのはいつなんだろう？

……ようやく辿り着いた源泉から流れ出てくる水は、とどまることなく下へ下へと絶えずおなじリズムで流れていった。

「アサヒビールの森」のなかにあった源流

満たされた気持ちを抱きながら山をおりる。

江《ごう》の川の源流のひとつであるこの山は、俵原《たわらばら》山――「アサヒビールの森」である。標高１１６７メートルのこの山は、「アサヒビールの森」がある山々のなかでも最高峰の山。80ヘクタールの山林を抱え、生態系保全地区にも指定されている。

俵原《たわらばら》山の作業道を出て15分ほど山道をくだる。

←さよなら　アサヒの森！

……とこんなふうに　格好よくアサヒの森からMEOは　消えて行くはずだったのですが

矢島《やじま》さん（上）と奥さんの峰代《みねよ》さん（下）は　田植えの準備をやっていた

山のふもとに、アサヒビール庄原《しょうばら》林業所所有の俵原《たわらばら》山の作業員矢島秋穂《やじまあきほ》さん（67）と松本鶴夫《まつもとたづお》さん（61）の家がある。

民家を何軒か通りすぎ、道の傾斜もやや緩やかになってきたあたり、右手に広がる田んぼで田植えの準備をしている夫婦の姿が見えた。矢島《やじま》さんと奥さんの峰代《みねよ》（62）さんだ。

「あれ？　どうしたんですか、突然？」

と矢島《やじま》さん。

「いや、江《ごう》の川を辿ってきたらここまで来てしまったんです。アサヒの森（**「アサヒビールの森」の略称。人びとは、会話するときには、おおむね、この省略形を使って話す＝以下同様**）に江《ごう》の川の源流があったんです……」

あまり要領を得ない説明だったが、矢島《やじま》さんと松本《まつもと》さんが中心になって日々手入れをしている俵原《たわらばら》山の木々が、江《ごう》の川の流れの〝ひとつの原点〟であることを伝えた。

「はあ、そがあなこたあ、考えたこともないけえね」

「連休中に終えてしまう」構えでトラックターに乗って田植え作業の前準備の手を休めてくれた矢島《やじま》さんとしばしの立ち話をしたあと、俵原《たわらばら》山を去った。

２００２年５月１日午後５時すぎ、５日間に渡る遡行《そこう》――偶然の終着地点は、矢島《やじま》さんの田んぼだった。

エピローグ――日本海のワニはどこへ？

中国太郎の名にふさわしく、雄大に流れる江《ごう》の川。

エコ・ツアーなどとシャレのめして、しつこく遡《さかのぼ》ってきたのは〝川〟。でも、そこで触れたのは、やはり人間だった。

川に寄り添い、闘ってきた人たち、また否応なく川と関わらざるを得なかった人たちの足跡を目のあたりにした。

生活用水、農業用水、水運、製鉄、カヌー……。

――人びとの生活を支えてきた江《ごう》の川は、これからどのように姿を変えていくのだろう？　水の汚染に、このへんでストップが、かかるのだろうか？　あるいは、最上流の森がさらに整備されることで、『エコ・リンクス』がうまく機能して昔のようなきれいな川にもどるのだろうか？　自然の摂理を無情に阻害する〝コンクリートの巨大な固まり〟と、これから人間はどう向きあっていけばいいのだろうか？

などという幼い感慨はさて置き、このドキュメンタリーの勢いのいい、はじめのテーマのひとつ、『ワニはどこから？』が、いつのまにか、雄大な江《ごう》の川の流れに飲みこまれて、どこかにいってしまった。

ワニにもどる。

このイントロ・ドキュメンタリーのはじめのころに登場した「大田市《おおだし》」「五十猛《いそたけ》」という地名、ご記憶にありますか？

2002年盛夏。大田《おおだ》市内の久手《くで》漁港。

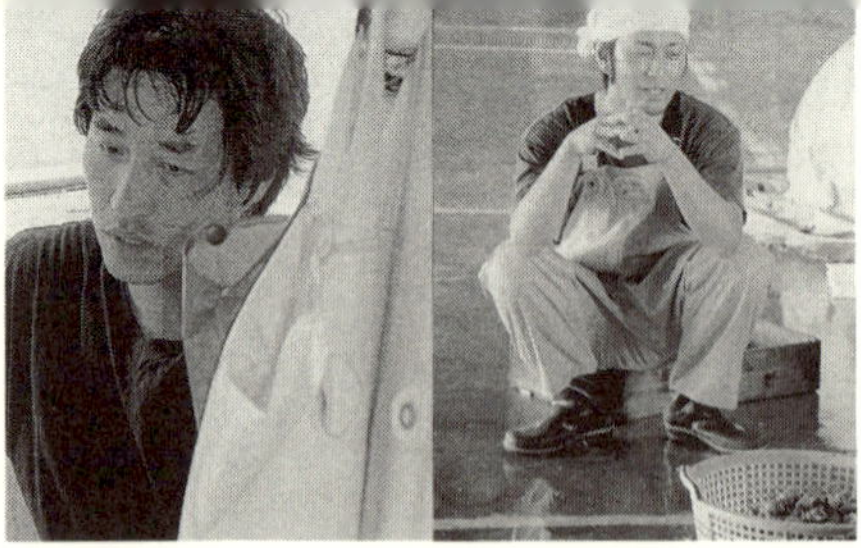

田中俊之《たなかとしゆき》さん

柳井幸喜《やないこうき》さん

ふたたび、ワニを求めて……。

漁港内で、取れたてのバイ貝を選り分けている人たちに迫る。

「サメ漁は儲けんならんけえ、ここじゃ、もうやっとらんですよ」

というのは、田中俊之《たなかとしゆき》さん（33）の証言。田中さんは漁師ではない。近くで魚屋を営んでいる。

「少しまえはここでもサメ漁をやっとったんですけどね。このへんで言えば、五十猛《いそたけ》がサメ漁を最近までやっとっちゃったですがねえ。ここでも昔、サメ漁をやっとっちゃった人がおるよ。あっちの船で聞いてみんさい」

田中さんが指差す先に停泊している船には4人の男が乗りこんでいた。

そのなかのひとり、柳井幸喜《やないこうき》さん（38）は、以前父親とともにサメ漁に出ていたという。

「130キロぐらいのをあげとったよ。サメ漁が盛んじゃったのは、わしが小学校のころじゃけ30年ぐらいまえかね。キロ当たり100円から250円で取り引きされとった。ヒレを取って、肉は刺身にしたり、内臓をゆがいて酢みそで食ったりね。今はわざわざサメを買うて食う人もおらんよ」

5月から8月にかけての夏場が漁期。地元の呼び名で〝ボウズ〟〝アカワニ〟〝ハンマー（シュモクザメ）〟といったサメがあがるという。

「サメ肉の需要はないし、若いもんが漁をせんけえ、あと継ぐもんはおらんよ」

「ここで獲れたサメが中国山地のほうへ運ばれたんですかね？」

「さあ、そのへんのことは知らんねえ」

和江漁港から5キロほど西へ行ったところにある大田《おおだ》市五十猛《いそたけ》。

五十猛《いそたけ》漁協組合長の和田初治《わだはつじ》さん（78）は、自身も昔サメ漁に出ていた。

「昭和30年代がいちばん盛んでした。わたしが出とったんは昭和40年ごろじゃけど、サメを取るもんが30人

バイ貝をいっぱい積んだ漁船が漁港に帰ってきた

➡みんなで洗って　選り分けて箱に詰める⬇

ぐらいおったんじゃないですかね。昭和が終わるころには、ほとんどいなくなっとりました」

五十猛《いそたけ》沖であがるのは、〝ツマゴロ〟〝シロフカ〟〝アカワニ〟〝シュモクザメ〟だ。沖へ1キロほど出たあたりの水深80~120メートルの海域で漁をするという。「あまり沖へ出すぎてもダメ」だそうだ。

「魚体は大きいのに値段が低い。需要も少ないし、イカやアジを獲ったほうがよっぽど儲かるんですよ」

現在、五十猛《いそたけ》漁港からは年に1、2回、6月から7月にかけてサメ漁の船が出ている。数年まえには「伝統的なサメ漁を保存しよう」という目的で、大田《おおだ》市の後援を受けてのサメ漁も行われた。

「中国山地のほうでワニを食う習慣があったでしょう。庄原《しょうばら》や三次《みよし》のほうで食べられとるワニは全部ここから持っていきよったんです」

――やっぱり、ワニのルートは、ここだったんだ！　ピンポン！　実際に庄原《しょうばら》で口にしたワニは「五十猛《いそたけ》産」だった？

「今でもたまに揚がったやつは、そっちのほうへ行きますよ。ほいじゃが、数が少ないけえ。今は気仙沼《けせんぬま》から仕入れとるようです。気仙沼《けせんぬま》であがったサメは、ここのとは種類がちがいます。むこうのは近海じゃのうてオーストラリアとかの南のほうでカツオ・マグロを取るときにあがったサメですけえ」

――庄原《しょうばら》で食べたワニはオセアニアから、はるばるやってきたワニだったかもしれないってこと？

そう、ようするに、それは遠く〝南洋〟から北国気仙沼《けせんぬま》を経て、中国山地へやってきたということ。

ちなみに、庄原《しょうばら》近くの「ワニ料理専門店　まんさく茶屋」にワニを卸している「三次《みよし》水産」は、宮崎、長崎、和歌山などからサメを仕入れている。ようするに、ワニは、はるか彼方の〝南洋〟で捕獲され、遠洋漁業の基地となっている港から輸送されてくるわけだ。

――それにしても、〝逆巻く波を踏み越えて〟はるばる〝南方〟から日本の山奥へ連れてこられて「まずい」などと言われながら食べられるワニも気の毒だなあ。

和田《わだ》組合長の結論。

「昭和初期は大八車で中国山地のほうへ運んどった思いますよ。昔は道が整備されとらんかったけえ、このあたりから山の上へ運ぼう思ったら、石見《いわみ》銀山のルートを使うしかなかったじゃろうね」

……話を聞いた人たちのすべての情報を総合すると、運輸システムが整備されるまで、言いかえれば、ワニの消費量が落ちこむまでは、島根県大田《おおだ》市、なかでも、おもに五十猛《いそたけ》から運ばれていたってこと。ただし、山陰と山陽を結ぶ水路として活用された江《ごう》の川ではなく、石見《いわみ》銀山のために開かれた陸路を大八車で庄原《しょうばら》まで持っていった、というのが『ワニはどこから？』の結論である。

イントロ・エコ・ツアー・ドキュメンタリー追記

最後に恥を忍んで告白する。

ＭＥＯ**（ムービング・エディトリアル・オフィス＝移動編集室）**などと気取った名前をつけたキャンピング・カー**（ほとんど中型のバスとおなじ大きさ）**を駆って、中国地方の大河をエコ・ツアーと称して源流まで遡《さかのぼ》る――ちょいと見には格好いいのだが、このキャンピング・カー、いわゆるアメ車《しゃ》**（アメリカ製の車）**である。フォードの中型トラックを母体にして改良したもの。したがって、やたらガソリンを食う。フルに走らせた場合、金額で言えば1回6〜7千円の給油を1日に3回しなければならない。なんと、ガソリン代、1日に約2万円！（走行用だけでなく、クーラー・電子レンジ・冷蔵庫・オフコン・電気マッサージ器などの電化製品の電力をまかなうための発電機用のガソリン代も、このなかに含まれている）……まあ、経費のことはよしとしても、その分、大量の排気ガスを自然のなかにまき散らして走っているということになる。「なにがエコ・ツアーだ！」という内心忸怩《じくじ》たる思い。

『エコ・ツーリズムを実践しようとするときに、注意しなければならないのは、一歩誤るとそれは環境（エコ・システム）破壊に結びつくという点である。リゾート開発ほど、ひどくはないにしても実際にグリーン・ツーリズムやエコ・ツーリズムに関連して具体的な〝行動〟を起こすときには、この点だけはくれぐれも、ご注意を』

とまくどなるどが書いたこの本の『序』の〝注意事項〟を地で行ってしまった。高らかにエコ・ツアーを謳いあげ、さっそうと川を遡《さかのぼ》りながら、多量の排気ガスを自然のなかにまき散らし空気を汚し環境破壊にいそしむ——エコ・ツアーなどとシャレのめすのだったら、徒歩か自転車で江《ごう》の川を遡行《そこう》すべきだったと反省したが、あとの祭り。

この排気ガスばらまきの実態は、本当は隠しておいて〝エエカッコシー〟を決め込みたかったのだが、環境をテーマにしている以上、〝反面教師〟として、あえて、ここに謹んでご報告もうしあげる次第です。意味のない弁解をすれば、これまでこのＭＥＯは横浜・菊名の清水弘文堂書房ＩＴセンターの専用駐車場にほとんど置きっぱなしで、なかのオフコンなどのハイテク機材を使う編集作業用として利用しており、走行用には、ほとんど使っておらず、今までこれほど長距離を走ったことが、あまりなかったので、こんなにガソリンを食い、その分、余計な排気ガスを排出しているということを知らなかったのです。ゴメンナサイ。

まだある。横幅２メートル強、長さ６メートル強もある大きな車を、最上流の「アサヒビールの森」のかなり狭い道に無理やり乗り入れて、まえの片車輪を脱輪。重い車をもとにもどすために、「アサヒビールの森人たち」３人と、近くの森林組合の幹部の方３人に大変なご迷惑をかけてしまった。森林組合の大型ユンボに出動してもらうわ、１日の森の仕事で疲れ切っている「アサヒビールの森人たち」に脱出に必要な丸太を運んでもらうわ、で大騒動。

あの事故のときに助けてくださったみなさま、ほんとうに、すみませんでした。そして、ありがとうございました。ここにつつしんで、心からお詫びとお礼をもうしあげます。

ハズカシナガラの最後の告白。

ひとつの仮説を立てて、このイントロ・エコ・ツアー・ドキュメンタリーの取材を始めた。

すなわち、江《ごう》の川の河口近くの漁港に揚がったワニが、その昔、川舟で中国山地に運ばれた。その痕跡を克明に追う。これを軸に川筋をエコ・レポートするというストーリー展開を夢想していた。もろくも、この仮説は崩れ去った。世のなか、甘くない。ワニは、川の道ではなく、陸の道で運ばれていた。

……無理やり、なんとなくこじつけて、ドキュメンタリーの体裁をつくろったが、ストーリーの始めと終わり以外、肝心の〝川筋〟で「ワニがほとんど消えてしまった」のは、なんともオハズカシイ次第である。

『ワニはどこから?』のタイトルが泣いている。

（データ原稿■教蓮孝匡《きょうれんたかまさ》　アンカー■礒貝《いそがい》　浩《ひろし》）

森人のみなさま　ご迷惑をおかけしました　心からお詫びとお礼をもうしあげます

赤松山の「アサヒビールの森」

ヒューマン・ドキュメンタリー　森のなかで

アサヒビールの森人たち

イントロ・インタビュー

「山仕事をしてて、なにがいちばんこわいですか」「人間です」

藤川光昭《ふじかわみつあき》さん

（アサヒビール株式会社庄原《しょうばら》林業所4代目所長）

「アサヒビールの森」を管理する庄原《しょうばら》林業所の4代目所長である藤川光昭《ふじかわみつあき》さん（58）が、「アサヒビールの森」の全体像を、この『ヒューマン・ドキュメンタリー　森のなかで』の『まえがき』がわりに、まず語る。戦争のために輸入できなくなったコルクを手に入れる目的で始まった「アサヒビールの森」。地元の人びととともに歩んできたその歴史から始まり、話は藤川さんを林業の道へ向かわせた幼少期の経験に及ぶ。

今流行りの「環境云々」で始めた森林保護ではない

――藤川さんにお会いするのは3年ぶりですね。

藤川　ええ、3年まえの夏にお会いしました。

――あのころ、ぼくは全国のアサヒビールの生産現場をまわっていました。アサヒビールの環境との取り組みの現状を「現場主義」で徹底的に取材していたのです。中国の深圳《しんせん》の新工場や、イギリスのロンドン郊外にある直営のゴルフ場などもまわったんですが、庄原《しょうばら》にも寄らせてもらったんです。よく手入れされている森を見て感動しました。

藤川　ありがとうございます。長い年月をかけて手入れしてきたもので、今ぱっと思いつきで「環境が云々」と流行でやり始めたんじゃないですからね。

――それがすごい。それに、かなりの広さですもんね。（裏見返しの地図参照）東京都の港区とおなじぐらいの面積の森を維持するためには、お金もけっこうかかりますね？

藤川　林業所の年間予算が1億2400万円。山

藤川所長（手前）と山下勝利《やましたかつとし》高野町《たかのちょう》・比和《ひわ》町・君田《きみた》村山林担当主任（奥）

アベマキ

の維持にかかる経費はそのうちの6～7000万円です。広島県の林務課からも500万円弱の補助金をもらっています。

——なぜアサヒビールが山林を持っているんでしょう？

藤川　瓶ビールの王冠がありますよね。今は王冠の裏側はビニール製ですが、戦前はコルクを使っていました。ポルトガルを中心に地中海沿岸のいくつかの国からコルク樫を輸入して使ってたんです。だけど戦争が始まってコルクが手に入らなくなって、「日本国内で早く代替を求めておこう」ということになったんです。

——そこで目をつけられたのが庄原《しょうばら》付近の山？

藤川　このあたりの山には「アベマキ」というブナ科の広葉樹がたくさん生えてるんです。樹皮の部分がコルク層になっていて、それが王冠のコルクに使える。だからアベマキがたくさん生えている山林を探して、今の山を買ったんです。これがそのアベマキです。

——ああ、なるほど。コルク状ですね。アベマキはこ

昔のアサヒビール

のへんにしか生えないんですか？

藤川　広島、岡山、山口あたりの西日本が中心ですね。関東にも分布してますが、寒い地方だと皮が薄くなるのでコルクに使えないのです。成長すると直径30〜40センチに太りますが、コルクに採るとしたら30年生以上の木ですね。樹皮を剥いだら、また30年ぐらいで再生します。ここの森は、まとめて全部買ったわけではなくて、昭和16年から22年のあいだに段階的に購入しました。個人所有の山や部落の共有林を徐々に買い足していったんです**（山林面積、人工林面積、植栽面積などの具体的データはこのページのひと口メモ参照）**。

——山林購入のとき、アサヒビールからの立会人は？

藤川　アサヒはビールをつくる会社ですから、山の専門家はいませんでした。だから、当時地元の営林署で働いていた林業専門家を採用して、その人たちに山を選んでもらって買ったんです。

庄原《しょうばら》林業所ひと口メモ

■庄原《しょうばら》林業所（広島県庄原《しょうばら》市中本《なかもと》町1丁目8－2）を中心に4つの事務所と16の山林現場がある。従業員は、20名。

■山林所有面積2,169ヘクタールのうち、天然林（広葉樹、針葉樹、作業道）が528ヘクタールある。人口林面積は1,641ヘクタール。その内訳は、スギ植栽が383ヘクタール、ヒノキ植栽が1,254ヘクタール、クヌギ植栽が4ヘクタール。

■16の現場の林道（作業道）を全部あわせると、74,881メートル。毎年林道は延びている。たとえば、2001年度は2,050メートル延長した。林道づくりの作業は、すべて、自社でやる。一番長い林道があるのは戸谷の現場で11,426メートル。一番短い林道は比和奥《ひわおく》の現場で、820メートル。

――そのときに藤川さんも入所された？

藤川　いえ、わたしは昭和39年に入所ですから、初代所長のころはいなかったです。まだ子どもだったですね。

――そうか、そうですよね。

藤川　そのうちに戦争が終結して、ふたたび輸入が可能になったからこのアベマキもいらなくなった。

――輸入再開までは、アサヒの森のアベマキはコルク材として使われたんですか？

藤川　まだ、使っていませんでしたね。

――使おうという目的で森を購入したのに？

藤川　終戦後はまた輸入のコルク樫が入ってくる。そうこうしているうちに、今度は王冠の裏側にコルクではなくてビニールを使うようになったんです。

――何年に代わったんですか、ビニールに？

藤川　昭和60年4月です。

――結局、山は買ったけど、実際にはアベマキを使わないまま山が残ってしまった？

藤川　ええ。うちの山からはコルクを採集していない。

――使わなくなった山林はどうしたんですか？

藤川　植林を始めました。昭和27年ごろからアベマキを、昭和30年ごろからスギ、ヒノキを植えました。うちは全山、広島県から水源涵養《かんよう》保安林に指定されています。これは雨水を貯えて不純物を濾過《ろか》したあとゆっくりと放出する天然のダムの役割を果たす森のことです。安定した水源を確保したり、土砂の流出を防いだりする目的で指定されます。

――指定されると、いろんな制約が生じますね。

藤川　勝手に木を切り出したり、道路をつくったりは禁止されます。木を切っても、植林しないといけないなど厳しいきまりがあります。そのため、県から補助金が出ているわけです。

――コルク生産を目的として購入した森が、その本来の使用用途では不要になったにもかかわらず、なぜアサヒは森を手離さなかったんでしょうね？

藤川　戦後日本の山は荒れてましたからね。「これを緑にしよう！」とアサヒビールがスギ、ヒノキを植林してきたわけです。アサヒビールの経営が、正直きびしいときもありましたけど、本社のほうに理解のある方がおられて、なんとか手離さずにいられたんです。

――「売っちゃおうよ」なんて話も、当然、出たでしょうね。

藤川　スーパードライが出るまえで、経営もきびしかったですからね、当然あったでしょう。まあでも、売ってもわずかな金額ですし。

――経営危機に瀕しても、手離さなかった。アサヒは昔から環境保全型大企業だったんですかね。

藤川　当時は環境云々というのはあまり強くなかったんじゃないでしょうか。それよりも、わたしどもの山がある地元部落の方がたのためという面が強かったです。

――具体的には？

藤川　当時はナラ、ブナといった広葉樹が多く、それを使った炭焼きが盛んでした。アサヒは部落の人に山を払いさげて、部落の人が炭を焼いて現金収入を得られるように配慮しました。その後のスギ、ヒノキの植林も部落の人に手伝ってもらうようにしている。おたがい持ちつ持たれつで森林を維持したわけです。

――ああ、それはいいかたちだ。環境云々でなく、企業の姿勢として人びととの関わりを大切にしたんですね。

藤川　昔は現金収入が少なかったから、地元の方にも非常に喜ばれました。

――自然のサイクルを一企業のエゴで壊さないということですよね。すばらしい見識だったですね……ぼくは、じつ

は、アサヒビールさんとは、40年近いおつきあいがありまして、そこで働く人びとの〝情の深さ〟には、昔から感心しています。「組織の三菱、人の住友」と言われていますが、いつも、さすが住友系の会社だと思っています。ここでも、その〝情〟の一端をかいま見たような気がします。

2、300年先に有名神社仏閣の柱にできれば

――布野村《ふのそん》の赤松山《あかまつ》を見させてもらいました。山に登る入り口に小川があって、橋がかかっていますよね。「朝日橋」と書いてありましたが?

藤川　布野村《ふのそん》の役場がつけてくれたんです。「アサヒの森に入るための橋だから」ということで。

――それぐらい地元と密着しているということですね。

藤川　ええ。とてもうれしいことです。

――赤松山《あかまつ》はアサヒがはじめて森を使ったCMを世に問うたときに舞台になった山ですね。本社の話では宣

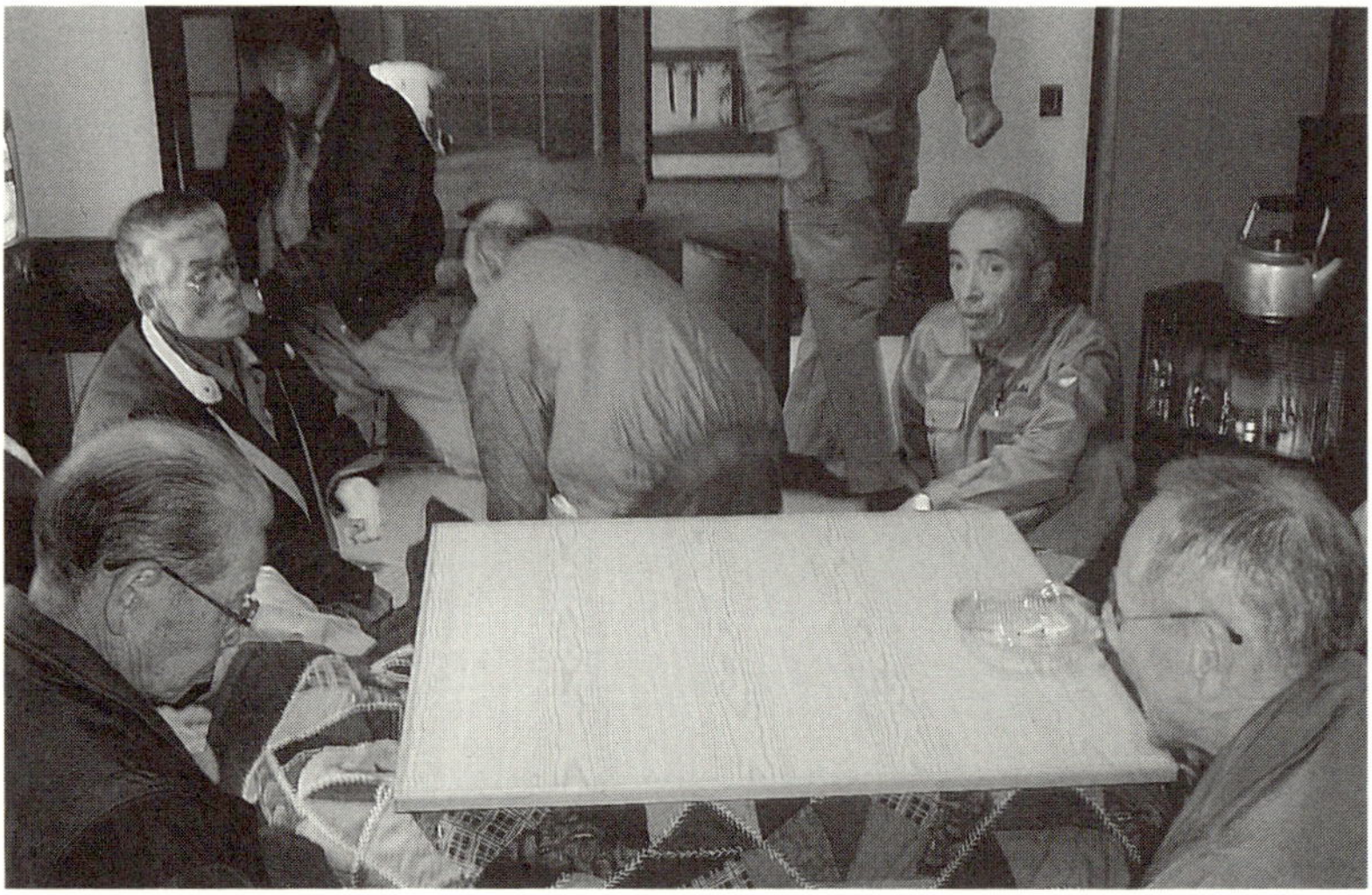

地元の人に山仕事はやってもらう

伝的には反響が乏しかったらしいんですが、現場から見るとどうでした？

藤川　林業関係者には非常によろこんでもらいましたよ。林業のCMなんてなかなかないですから。庄原《しょうばら》市の知名度もあがって、市民の方もよろこんでいました。

――長いあいだ木を育ててきて、現在も植林をつづけられているわけですが、この立派な木を売る計画はあるんでしょうか？

藤川　あります。植林後50年近く経っているので、あと2、300年育てて日本の有名な神社仏閣の柱にしたらいいんじゃないかという計画があるんです。「この神社の材木をアサヒが寄贈した」となればいいなあと思って。

――200年先とは、なかなか壮大ですね。

藤川　2100ヘクタールの土地に、毎年20ヘクタールずつ植林すれば80年間のサイクルになります。これからは、自然のルールを守りながら、収入のことも考えなければならないでしょう。

――200年先の収入のことですからね、すごいビジョンですよね。

藤川　気の長い話でしょう。

――藤川さんが「この仕事をやっててよかったな」と思うのはどんなことですか？

藤川　自分が植えた木が太く大きくなってくれることですね。手をかければかけただけ、山はよくなってくれる。その充足感があります。人間みたいに文句を言わないですしね。

――よく「植物は愛情を持って育てるとちがう」と言いますけど。

藤川　そうだと思います。よくしてやると応えてくれる。放っておくと雑草なんかに負けてしまう。木は子どものようですよ。木と対話もできるんです。

――実際に話しかけたり？

藤川　それはないです。そういうことをするのは、あぶない人じゃないですか。心で話しかけるんです。（笑）

——じゃ、木の機嫌がわるいときはわかるわけだ？

藤川　わかりますよ。手を抜くとすぐ機嫌がわるくなって育ちがわるくなる。正直ですから。

——今現在でも木材利用をされてますよね。大きなところではアサヒビール四国工場のゲストハウスの柱に庄原《しょうばら》のスギの木を使ってますね。四国工場に行ったときに拝見しました。

藤川　ヒノキで湯飲みをつくったり、間伐材で丸太をつくったり、実験的にですけど。2002年4月に東京本社のロビーに完成したエコ・プラザで庄原《しょうばら》のヒノキ間伐材の丸太6本を使っています。林野庁が巨樹巨木シンポジウムをやったときに、アベマキの曲がり木を使ったコースターを配ったのがたいへん好評でした。

——いろいろ試されてますよね。今後の予定は？

藤川　今、本社と協議しながら考えているところです。

東京本社1階ロビーのエコ・プラザ（2002年度『環境コミュニケーションレポート』より）

おやじが生きていたら　この道は　選んでないかもしれない

——ずばり、藤川さんの夢はなんですか？

藤川　アサヒビールの社員が家を建てるときに、アサヒの森の木を床柱にしてほしいと思ってます。入社記念に1本ずつ植林に来てほしいし、手入れにも参加してもらいたいです。

——藤川さんのお生まれは庄原《しょうばら》で？

藤川　ええ、そうです。

——どのような経緯で庄原《しょうばら》林業所へお入りになったんですか？

藤川　わたしのおやじが木材業をやってたんですね。わたしが小学5年生のときに、そのおやじが死んだんです。自分の仕事の道なかばで死んでしまったおやじをまえにして「残念だな」と思いました。それがずっと心のどこかに引っかかってたんでしょう、高校は林業科を選んだんです。高校卒業後は、うちの母親が体が弱かったので、わた

庄原《しょうばら》林業所の玄関

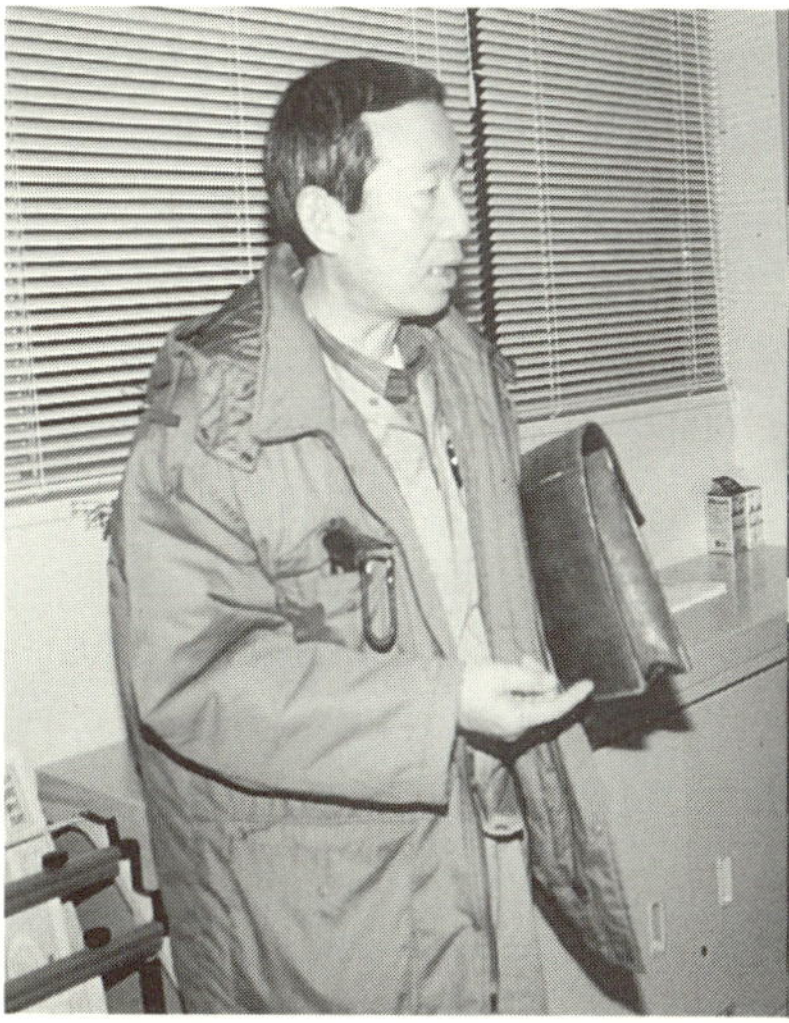

庄原市の事務所に出勤してきた藤川さん

しが遠くへ働きに出るわけにはいかなかった。２年後にちょうど庄原《しょうばら》のアサヒビール林業所へ入ることができたんです。ずっとおやじが生きてたらこういう道はなかったかもしれません。

――その後、所長さんになられたわけですね？

藤川　平成２年に４代目の所長に就任しました。

――お父さんと材木仕事の話をされた思い出とかは？

藤川　仕事の話はしなかったですね。ただ、おやじの思い出で忘れられないことがあります。

――どんな思い出ですか？

藤川　わたしは小さいころから野球が好きだったんですね。小学校４年のときのある日、おやじが「運動具

庄原《しょうばら》林業所ひと口メモ

■3月～4月　新植作業（植林）ヒノキポット苗を使う。ヘクタール当たり3,000本植える（1.82メートル×1.82メートル間隔)。■3月～4月　雪起こし作業（木起こし）降雪により3～10年生造林地で、土壌の悪い尾根筋に肥料を散布する。■6月～8月　下刈り作業 1～7年生造林地のなかの下草刈り払い。■8月～10月　徐伐作業 11年生造林地のなかの潅木類などの刈り払い。■6月～11月　ツル刈り払い作業 1～15年生造林地および天然林のなかのツル刈り払い。■10月～12月　地拵（じごしら）え作業　立ち木の伐採跡地で作業する。植栽するまえに植えつけ場所に残った材や枝などを整理して片づける。■9月～10月　補植作業　春植えした苗木が枯損した場合、植え替える。■1月～12月　間引き伐倒作業 15～35年生造林地のなかのスギ、ヒノキを間引き伐倒する。■1～5月　枝打作業 15～35年生造林木の枯れ枝、生枝を切り落とす。■＊作業道（林道)、歩道の道刈り作業は毎年1～2回、6月～10月にやる。

店に電話して頼んであるからグローブを取りに行ってこい」と言うんです。おやじはこっそり皮のグローブを買ってくれてたんです。当時は布製のグローブしかなかった時代ですよ。小学校全体でわたしだけ皮のグローブ。急いで自転車で取りに行ったんですけど、その帰りに新品のグローブを地面に落として汚してしまった。「せっかく新しいのを買ってくれたのに、おやじにわるいな」と思って、一生懸命服で拭いてから帰りました。みんなにはわるいから、そのグローブは学校に行くときには、持っていかずに布のグローブだけ持って行ってました。

――お父さんのさりげない優しさが伝わりますね。藤川さんもとても気配りされるお子さんだったんですね。そんなお父さんが亡くなられて、藤川さんの気持ちも自然に林業へ向いていったわけですね。

藤川　ええ。

――力んで「おれは山の仕事人だ!」というのじゃなく、ごく自然体だったんですね。

林業はごまかしのきかない仕事

――少し大上段な話になるかもしれませんが、今の林業のあり方をどう思われますか?

藤川　材木が安くしか売れないからといって、林業の施業の方法を変えていっていますが、そんな一時しのぎはいけないんじゃないかと思っています。80年間のサイクルがあるんだから長い目で見ないと。今安いから高いからといって時代の流れに左右されっぱなしでは……。

――先ほどの未来に向けた壮大なビジョンもそうですが、毎年収穫のよしあしがわかる農業や、その日その日の収穫は時の運という〝狩猟《ハント》〟の要素がある漁業とはちがって、林業にたずさわる人には、雄大なスパンの発想があると、かねてから思っているのですが……。

藤川　みなさん何十年先を考えて仕事をしていますよ。

――雄大なビジョンはいいのですが、1日1日の成果がつかみにくいというつらさも?

藤川　日々の仕事のごまかしをすればいくらでもごまかしはできるんですよ。東京本社とも離れていて、目が届かないから。でもごまかしをしてないから、結果として今の森があるんです。

――そりゃあ、そうですよね、企業が大金を預けてくれて「森林管理をお願いします」と言っていても、そうしょっちゅう見に来るわけでもないし。それに、素人が見ても「よい森かどうか」なんてわからないでしょうしね。

藤川　以前本社の方が来られて、「山仕事をしてて、なにがいちばんこわいですか」って作業員の方に尋ねたんです。そしたら作業員の方は「人間です」と答えてました。「火を出したら全部なくなってしまう。人間の火の不始末がいちばんこわい」と。

『アサヒの森の小さな民具博物館』をつくろう!

――アサヒの森の現場で働かれている作業員のほとんどの方と、2001年12月から2002年8月にかけてお目にかかりました。スーパードライを飲みながらじっくりと話を聞かせていただき、それぞれのご自宅にも順番におじゃまさせていただいて写真を撮らせていただいたのですが、その結果、ひとつのアイデアがひらめきました。というのは、今の山仕事は機械化されて昔使った道具――カマやノコなどのいわゆる〝森の民具〟が駆逐されてしまった。後世のために、今、それらの道具を収集しておかないと、どこかに消えてしまって、とんでもないことになる。

藤川　もう、うちの作業員の家にも、残っていないかもしれない。

――「もう昔の道具はなにもない」とおっしゃっている方もいましたが、10数人のみなさんにうかがった話では、幸いなことに何人かの方の倉の片すみに、まだころがっている道具もあるそうです。それらをご提供いただくかお借りし

て、森の小さな民具博物館をつくったらどうか、というのがぼくのアイデアなのですが、藤川さん、各論はこれから検討するとして、総論としてこのアイデア、どう思われますか?

藤川　賛成です。アサヒの森の仕事の歴史を知り、後世に伝えるために、それはいいアイデアだと思います。

――赤松山《あかまつ》にある、今作業員の方の休憩所と道具置き場に使われている古い小屋を改造するか、間伐材で丸太小屋を現場の森のなかにつくって、そこに森の民具を展示保存するという案……余計なお世話だと言われそうですが、そのうち『アサヒ・エコ・ブックス』の発刊がつづいているあいだに具体的な計画案を積極的に提案したいと思っています……こうした森を舞台にした今後のドリーム・チェイス（夢追い）のことは、さておき、このインタビューの最後にひとこと、生意気を言わせていただければ、林業労働者は時代の流れのなかで――一次産業全体に言えることですが――今いちばん職業的な危機にさらされている人たちですよね。農村や漁村を取りあげるマスコミは、それでも結構あ

赤松山《あかまつ》の古い小屋

るんだけど、「山の民の声」ってのは、あんまり一般の人の耳に聞こえてこない。

藤川　ほんとにそう。なかなか注目されないですから。

――この本を出すことで、少しでもその現状を世に伝えることができればいいと思っているのですが……。今後も現場主義で、現場をできるだけ歩き、現場の「手で考える人たち」とできるだけ接して、そこから発せられる「声なき声」に耳を澄ませたいと思っています。そして、その結果、今、ぼくが熱っぽく語った『アサヒの森の小さな民具博物館構想』のようなアイディアがひらめいたら、どんどん提案して、その提案に対する多くの方のご意見を聞き、そうしたご意見を参考にして、案をさらに煮つめて、ご賛同くださった方たちに呼びかけて、実現の方向にもっていく……机上の空論に終わらせず、政官民、企業を含めたプロジェクト・チームを立ちあげ、行動を起こす……ちょっと、大風呂敷の広げすぎですね……ささやかに言えば、「地球とその上で生きとし生けるすべてのものの未来のためにいいこと」は、個人として……ボランティアとしてですが……どんな小さなことであっても具現化に向けて最大限の努力をしたいと夢想しています。なんか、最後はひとりで力んで、本日のテーマからずれて、ひとりよがりなことを語ってしまって失礼いたしました。

（聞き手　礒貝《いそがい》　浩《ひろし》）

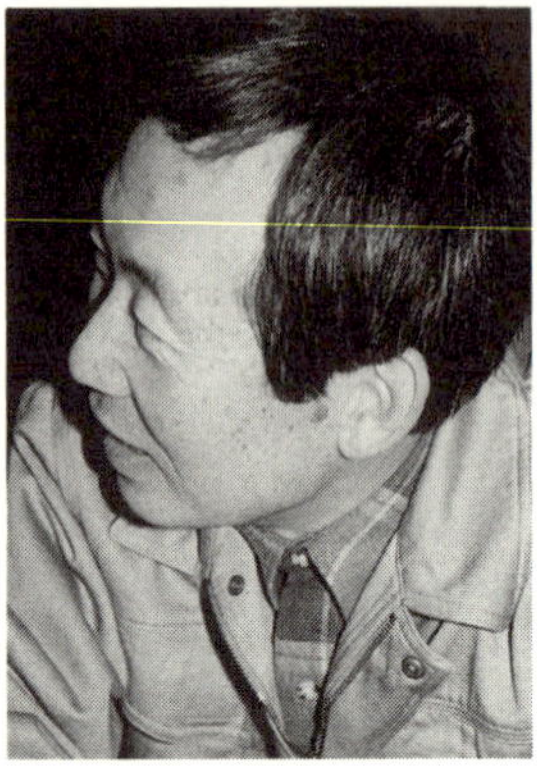

藤川光昭　ふじかわ・みつあき（59）
昭和18年11月18日、庄原《しょうばら》市生まれ
昭和39年、庄原《しょうばら》林業所入所
アサヒビール株式会社庄原《しょうばら》林業所4代目所長

「内助の功」があってこその山仕事

井上策朗《いのうえさくろう》さん

親指ににじり寄るように曲がった人差し指。厚く覆《おお》った皮膚にくっきりと刻みこまれた太い皺。

「自然に曲がってきたんです。鎌を持ったかたちのまんま。まあこのほうが鎌もピタっとはまってちょうどええでしょう」

40年間山仕事に打ちこんできた〝森人〟の手。

井上さんは21歳のときに軍事召集を受け、すぐに中国大陸での実戦に出た。

「迫撃砲の攻撃に遭って、すぐ横で荷物を運んどった馬が谷底へ落ちていったこともあった。自分もいつ命を落としてもおかしくなかったね」

長い軍隊生活ののち、広島にもどり終戦を迎えた。その後、口和町《くちわちょう》の実家で炭焼きやコメづくりをしながら生計を立てる。昭和36年、知人の紹介で庄原《しょうばら》林業所へ入所した。46歳のときだった。林業に惹かれていたわけではないが、もともと山で生まれ育った井上さん。山仕事に抵抗はなかった。

「林業所の仕事に就けて、生活はぐっと楽んなりました。昔は農業ひとすじでなんとか暮ら

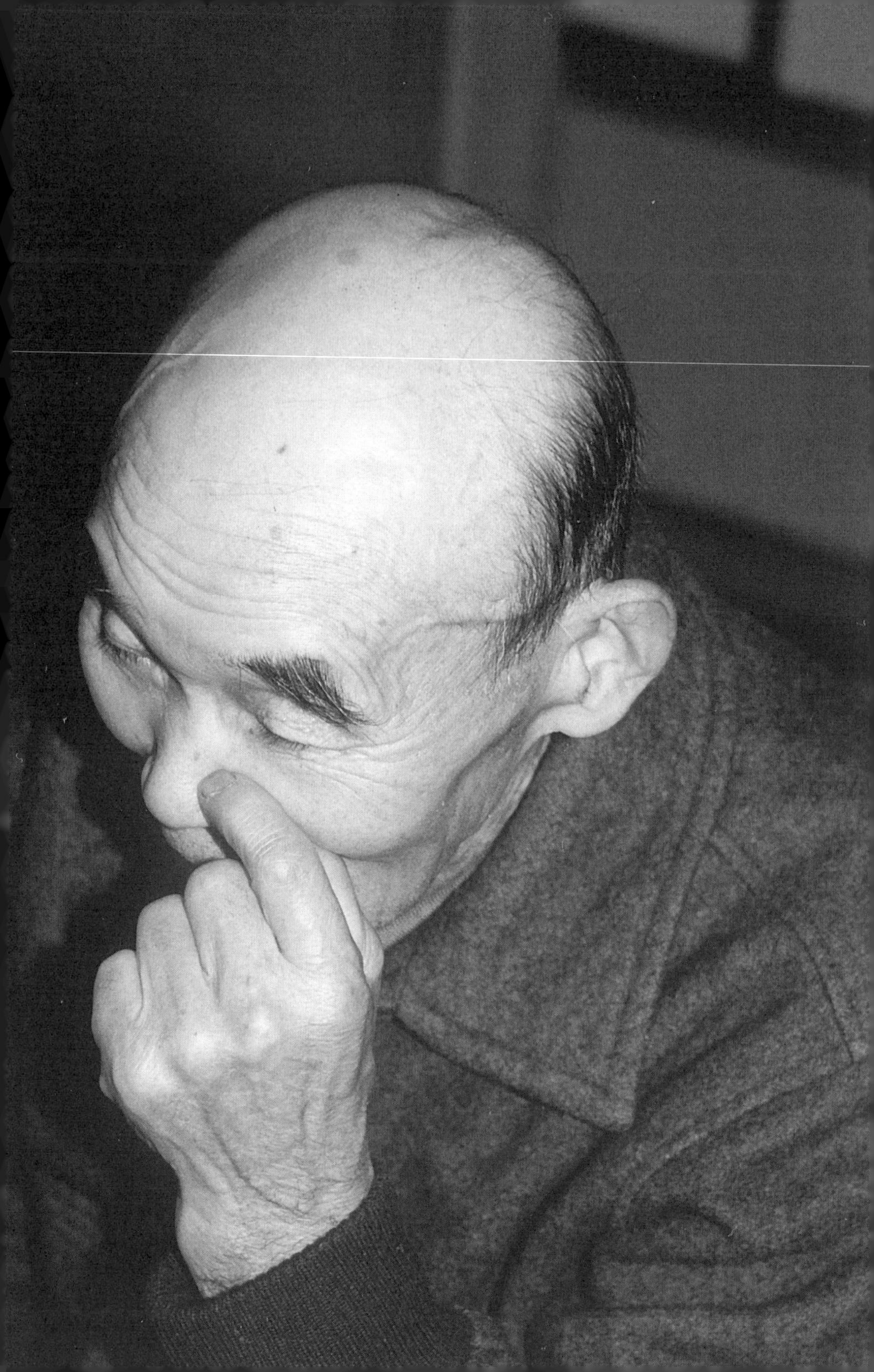

していけたんじゃが、だんだんそうもいかんようになっとったけえ。今も兼業で農業をやっとりますよ」

井上さんが「アサヒビールの森」で働き始めた昭和36年当時、林業所の日当は300円強。平均的なサラリーマンの月収が2万円前後だった時代だ。日本は岩戸景気に沸いていた。「アサヒビールの森」の仕事を得たことで生計は助かったが、もちろん山の仕事自体は、決して楽なものではない。

「いちばんしんどかったのはたば木ですよ。冬場の作業は手がかじかんで痛うてね」

たば木作業は、まず切り倒した木を割り揃え、1尺2寸（約36センチ）の薪をつくる。それを縄で縛ってひとつの束にして運び出す作業。薪は風呂焚きや炊事用の日常的な燃料として売られていた。

「今はもう薪は流通しとらんけえ、たば木作業はないけど、自分で取ってきて風呂焚きに使っとるところはまだけっこうありますよ」

しんどいだけではない。山仕事は常に危険と隣りあわせでもある。「アサヒビールの森」での井上さんの40年は、ケガとのつきあいの日々でもあった。

昭和49年11月、井上さんは4か月の入院生活を余儀なくされるほどの大ケガを負う。ある日、戸谷山《とだにやま》でいつものように材木を片づけていた。別の木に引っかかったまま倒れずにいた松の木がずれて井上さんのほうへ倒れてきた。アッと思い、身をかわそうとしたときには木は目のまえまで迫っていた。倒木に直撃された井上さんは、あばら3本を折り、脊髄を圧迫骨折。その日から4か月を庄原《しょうばら》の日赤病院ですごした。

「ケガ自体もつらいが、仕事ができんのは、ほんま、つらいもんじゃね」

退院して山仕事にもどれたのは事故から1年後のことだ。

「まあ小さいケガは、だれもがしょっちゅうしとりますよ。細心の注意は怠らんけど、恐がっとっちゃあ仕事にならんけえね」

今年の2月で87歳になった井上さん。しかし、作業員仲間から「元気元気。びっくりするぐらいよお働いてです」といわれるほど、その小柄な体には力がみなぎっている。

「わしがこうやって元気に仕事ができて

山の仲間たちは　井上さんが元気なことに驚いている

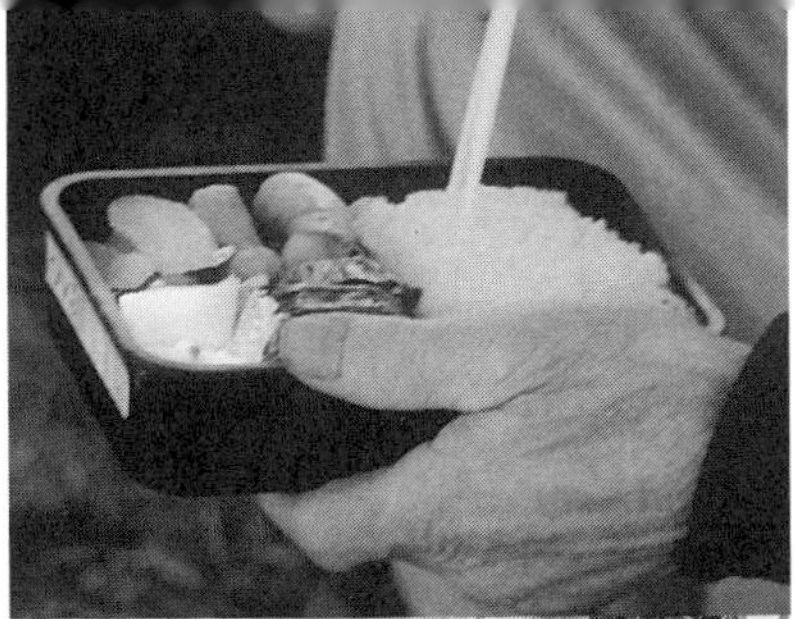

健康でおれるのも、ばあさんのおかげ。『内助の功』です」

面と向かって気持ちをあらわすことはないが、奥さんの益枝《ますえ》さんには日ごろから感謝しているという。

「食事にほんまよう気ぃ使ってくれてね。毎日山へ弁当を持って行くんじゃが、栄養のバランスが取れた献立を考えてくれと

奥さんの益枝《ますえ》さん（左）と話すのが楽しみ

る。わしの好きな焼き魚をいつもぽんと入れてくれとったり。若いころにくらべりゃあ食べる量は減ったが、やっぱりばあさんが毎日つくってくれる三食が元気の秘訣ですね」

土日には一緒に田んぼに出て、仲よく農作業をするという。ふたり揃っての晩酌も欠かさない。

「寒い時期には熱燗を1合。夏はもちろんスーパードライ。ばあさんも缶ビール1本は飲む。もう子どもも出て行ってわしらふたりで暮らしとるんで、ばあさんと話をするのが楽しみですよ」

井上さんにはふたりの子ども、3人の孫がいる。子どもたちはみな独立し、鳥取《とっとり》や横浜へ移って行った。若い者が故郷を離れていくのを見て、自分がやってきた林業の後継問題を考えることもある。

「『山仕事を受け継いでいってほしい』いう思いはあります。自分の経験を若いもんに伝えたいとも思うけど、今は成り立ちにくい商売ですけえね。無理には言えんです」

林業従事者の高齢化は、「アサヒビールの森」でもはっきりとあらわれている。16名の作業員のうち、最年長87歳の井上さんを筆頭に、70歳代が7名、60歳代が4名、50歳代が4名、40歳代が1名。最年少の谷山《たにやま》さんが2年まえに入所してから、新しい作業員はひとりも入っていない。それぞれの方が後継者不足を口にしている。

「林業を継がんにしても、自分も歳じゃけえ、子どもに帰ってきてほしいと思うこともあり

井上《いのうえ》さんは今も昔の道具を大切に使っている

ます。けどこれも無理には言えんです」と井上さん。いくら周囲から「元気だ」と言われても、さすがに体が「きついな」と思うときは多いという。

「今はようけ機械が出て作業は楽んなったですがね。昔は下草刈りも短い鎌で刈っとったが、その後長柄の鎌になって、今は下刈り機でやっとります。昔のしんどさを思えば、ありがたいですよ」

しかし苦労が少なくなったことより、好きな森で好きな山仕事ができること自体に喜びを感じるという。

「森のなかで仕事をしとると、嫌なことも忘れられる。空気が澄んどるし、手入れした木がずらっとならんどる景色も美しい。それに、仕事を始めたころに植えた木が大きくなっとるのを見るときがほんまうれしい」と子や孫を思うような柔らかい表情で森を語ってくれた。

井上策朗　いのうえ・さくろう（87）
大正5年2月15日、口和町《くちわちょう》生まれ
昭和36年6月、庄原《しょうばら》林業所入所
戸谷《とだに》山・須川《すがわ》山・殿畑《とのはた》山担当
比婆《ひば》郡口和町《くちわちょう》在住

山一筋の森人は、つけ針釣り名人
矢島秋穂《やじまあきほ》さん

中学を出てからは、山仕事一本で生きてきた。炭焼きをしていた父に連れられて山に入り、自然と仕事を覚えていった。

「山で木を切っては窯《かま》で炭にして、買取業者の所へ持って行くんです。木を切る場所を変えていくけえ、窯《かま》も1年に1回移動しますよ」

昭和29年に自宅の近くの山が国有林になった。そこで2年間働いたのち、パルプ用材の伐採に携わる。

「昭和35年ごろからパルプ生産が盛んになっとったですけえ。それまでは、《手ノコ》や《マサカリ》で作業しとりましたが、そのころからようやくチェーンソーが使われ始めて、ずいぶんと楽になりましたね」

パルプ産業の景気がわるくなったのを契機にその仕事を辞めた。

——辞めたはええが、どうしようかの。

と思っていたところ、まえまえから「アサヒで働かないか」という話があったことを思い出し、平成7年2月に「アサヒビールの森」に入る。

「除間伐を終えた山を谷から見あげた景色は格別ですよ。作業するまえは見えなかった尾根が、木々のあいだからさーっとつづいて見えるようになるんです。青い空が広がってね、気持ちええですよ」

山仕事に打ちこんできた矢島《やじま》さんの趣味は釣り。一般にイメージするさお釣りとはちがい、つけ針というやり方で釣る。

「エサをつけた針と重りをビニールの水糸につけて、夕方ごろに川へしかけとくんです。1回に15本ぐらいですかね。つぎの朝行ってみたら、コギ（イワナ）やらヤマメやら、いろんな魚が食いついとります」

「アサヒビールの森」のなかを流れる俵原《たわらばら》川にもコギはいるが小ぶり。その下流で合流した神野瀬《かんのせ》川がおもな釣り場だ。

矢島《やじま》さんの家のまわりの景色は美しい

矢島《やじま》さんの家の倉は風情がある

矢島《やじま》さんの家（左端）のすぐ横を神野瀬《かんのせ》川が流れている　家のそばの田んぼで代掻きをする

矢島《やじま》さんの家のすぐ横を神野瀬《かんのせ》川は流れている。

つけ針のいちばんのシーズンは5月から7月にかけて。昔に比べて釣れる魚の種類や大きさが変わってきたという。

「以前は15本しかけたら15本全部に魚がかかっとったね。40センチ級のコギが3匹は取れました。今は半分程度しかかからん。大きくて30センチほどですね」

数、量ともに減少した原因は、川にヤマメが増えたからではないかと言われている。10年ほどまえに神野瀬《かんのせ》川にヤマメが放流された。漁協が行ったものだった。しかし、どうやらヤマメがコギの卵を食べてしまうらしい。

「目に見えてコギが減ったですけえね。今はもうヤマメの放流はしとらんそうですが、最初に放した稚魚が上流のほうまであがっとるようで。残念じゃけど、生態のバランスは崩れてしもうとるんかもしれんね」

神野瀬《かんのせ》川には周辺の町からも釣り人が糸をたらしに来る。

「このへんに釣りに来る人はだいたいコギが目当てですよ」

もともとコギは大量に生息していたわけではない。最近さらに減少したことで、コギに希少価値が出て、さらに釣り人の人気を集める魚になっている。しかし、コギ人気の理由はなによりその美味《うま》さにあるという。

「川魚でコギほど食べておいしいのはおらんですね。身が締まっとって、コリコリして。炭火であぶってビールのつまみにしたら、ほんま最高です。40センチぐらいのじゃったら、刺

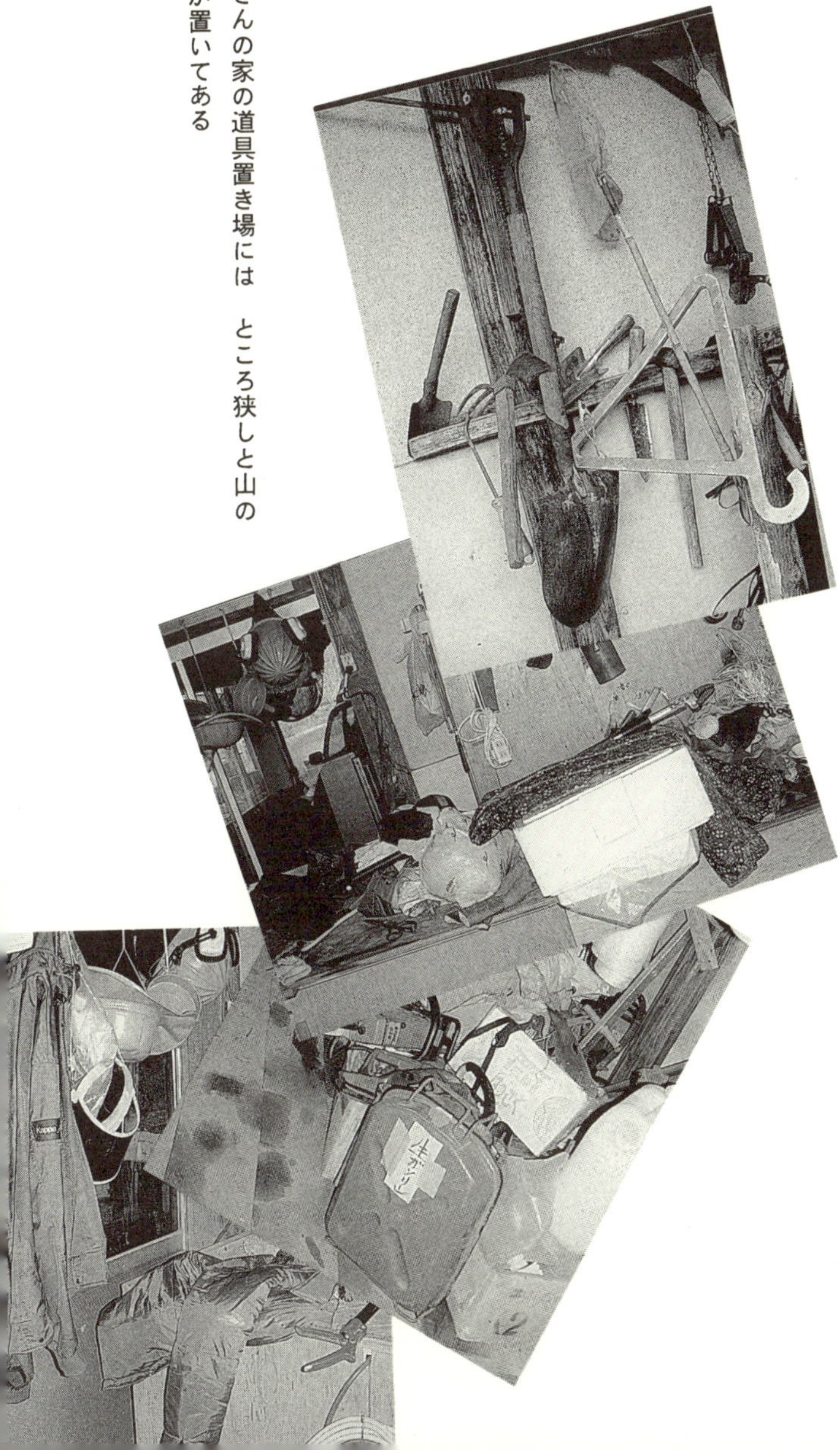

矢島《やじま》さんの家の道具置き場には　ところ狭しと山の道具が置いてある

身でも食べられるしね」

府中町《ふちゅう》にいる親戚も神野瀬川《かんのせ》へ釣りに来ることがある。

「『まあ釣れやせんじゃろう』思うて、あらかじめわたしがつけ針でコギを獲っておくんです。それを炭火であぶって食べさせてやったらすごい喜んでくれますよ」

とにかく、もっぱらつけ針で釣る矢島《やじま》さん。

「なぜ竿釣りはやらないのですか?」

「竿を持っとる時間がないんですわ。日中は山へ出て、夕方田んぼを見まわって、土日も農作業でつぶれたりしますけえ、なかなか腰を据えてじーっと竿を持っとられんのんです」

海釣りにもめったに行かない。

「すぐ船酔いするんです。日本海へ釣りに行くときもあるんじゃけど、釣れんとすぐ酔うてしまう。『港へ帰ってくれえ』とも『降ろしてくれ』とも言えんし。でも不思議なもんで、釣れとるときは全然酔わんのじゃけどね」

とくったくなく笑う。

以前一度行ったイカ釣りのときは、一〇〇メートルも先の海中から浮きあがってくるイカの群れの迫力に、われを忘れて興奮したという。

「アサヒビールの森」では地元の俵原山《たわらばら》がおもな仕事場だ。持病の通風があり、痛み始めると、なかなか仕事がはかどらない。

「体力的には限界に近いかもしれません。団体仕事はとても務まらんじゃろうけえ、今はひとりでマイペースで仕事をさせてもらっとります」

夏に俵原《たわらばら》山から霧のかかった麓を見おろすのは格別だという。樹木があっという間に霧に包まれていくさまは幻想的だ。

「この山の木を切り出す20年後には、今おる作業員のほとんどが引退しとるじゃろうけえ、真剣に若い働き手のことを考えんといけませんね。アサヒの森には立派な植林計画があるんじゃけえ、それに見あった人材を育てていかんとね。新しい人材がまた何十年先を見据えて立派な木を育てていく。それが理想ですね」

矢島《やじま》さんの思いは、果てしなく広がる。

矢島秋穂　やじま・あきほ（66）
昭和11年7月16日、高野町《たかのちょう》生まれ
平成7年2月、庄原《しょうばら》林業所入所
比婆《ひば》郡高野町《たかのちょう》在住

幻のツチノコに遭遇!?
藤谷只吉《ふじたにただよし》さん

15年ほどまえのことになろうか。担当している戸谷《とだに》山の林道を、おなじ作業班の仲間と歩いていたとき。藤谷《ふじたに》さんの視線の先を黒っぽい生き物が横切った。

「長さは1メートルほどじゃったです。ヘビに似とるが、それにしちゃ胴が大きいし、頭が丸っこい。『ありゃあ《ツチノコ》いうもんじゃなかろうか』ゆうて一緒におった者と顔を見あわせたんですよ」

ツチノコ（槌の子）は、日本書紀や古事記にもしばしば《野槌蛇《のづち》》という名前で登場する空想上の生き物だ。その昔、神と崇められ、敬うべき存在だった。目撃例は全国に広がっている。「一見ヘビのようで、頭は丸く、首から尻にかけて寸胴で、尻尾のようなものが生えている」というのが目撃者に共通する証言だ。近い話では、2000年の6月に兵庫県美作町で《ツチノコ捕獲騒動》も起きている。

「スーパードライを飲んで酔っ払っとったんじゃないか、ゆうて今じゃ笑い話にもなっとりますがね。このへんでは『ツチノコを見たら3、4日寝こんでしまう』と言いますが、わたしはピンピンしとりました」

15年もまえのこのツチノコ話にいちばん興味を持ったのは、今年（2002年）中学3年生になる孫の春樹《はるき》君だ。サッカーに熱中している。藤谷《ふじたに》さんを「じい」と呼んで慕う3人の孫とはよく森の話をするという。なかでも春樹《はるき》君は幼いころから「どこにおったん？　見たときは恐かった？」とツチノコについて熱心に訊いてきた。

「今はもう大きくなったけえ訊いてこんですがね。まあ昔の話じゃし、わたしもあんまりあちこちに《ツチノコじゃ》言うて吹聴せんほうがええでしょう。あとにも先にも見たのはその1回きりですよ」

伝説の生き物に遭遇した藤谷《ふじたに》さんが庄原《しょうばら》林業所に入所したのは昭和38年のこと。

妹と自室でくつろぐ孫の春樹《はるき》君（左）

藤谷《ふじたに》さんの家

今牛小屋に牛はいない

18歳で終戦を迎え、その後18年間実家の農業と家事を手伝って暮らしていた。

そんな折、知人から「山で働かないか」という誘いを受け、「アサヒビールの森」の仕事を始める。

「今もそうですが、林業専業じゃなく農業しながら牛も飼っとったんです。昔は鋤や荷車を引かせたりして、耕作にも牛を使っとりましたけえ」

「いい牛を育てる」と評判だった藤谷《ふじたに》さんの牛は、高いときで1頭50万円以上で売れた。現在の市場では狂牛病の影響で1頭20～30万円で取引されている。

精魂こめて育てた牛を品評会に出すこともしばしばあった。品評会は毎年、町、郡、県の大会があり、4年ごとに全国大会も開かれている。

「ええ牛は毛づやが光っとるし、肉づきのバランスが取れとります。6、7回は出品しましたかね。自分の牛が品定めされるときはドキドキしましたよ」

数年まえに町の品評会に出した牛は優秀賞を取った。

藤谷《ふじたに》さんが「アサヒビールの森」の仕事に追われるようになってからは、奥さんのスミヱさんが牛の世話の大半を受け持った。

「おばあさんも歳を取ってだんだん体に無理が効かんようになって。生き物を飼うのは、ほんましんどいことなんです」

奥さんとのふたり暮らしになってからも、牛は飼いつづけたが、2年まえに最後の2頭も

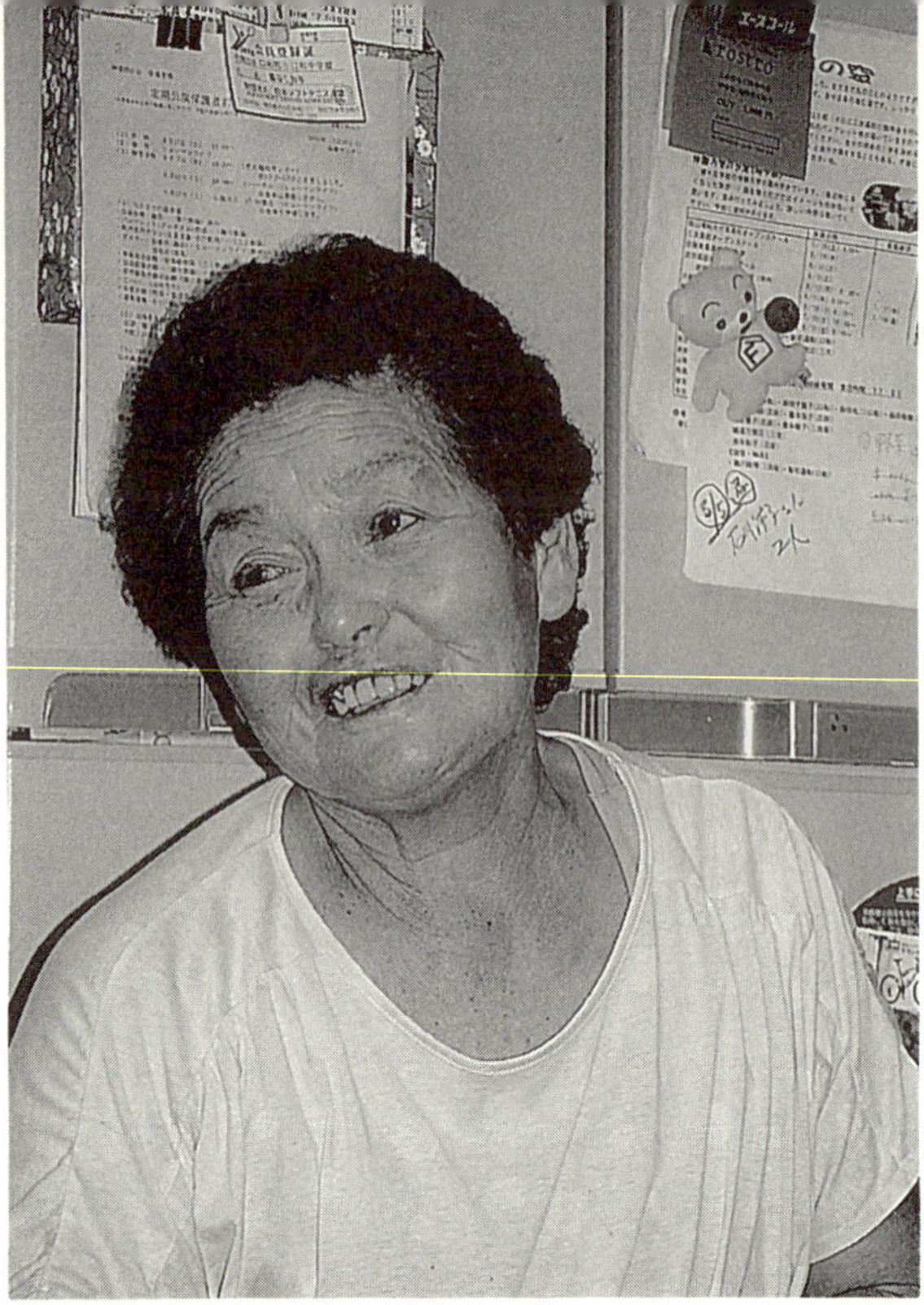

藤谷《ふじたに》さんの奥さんのスミヱさん

売った。

「最後の牛が出て行ったあと、おばあさんが『楽んなったあ』言うたのを聞いてホッとしましたよ。もうあまり苦労はかけたくなかったですけえ」

牛や馬を売り買いするときには、《馬喰《ばくろう》》と呼ばれる仲介人に頼む。いらなくなった家畜を処分したり、買い手を探したりする。子牛がほしいときも《馬喰《ばくろう》》の出番。多いときはそれぞれの町に5、6人の《馬喰《ばくろう》》がいたが、今では口和町《くちわちょう》にひとりを残すだけになった。

「物心ついたときから、牛やら山の動物やら、生き物に接してきました。生き物を育てるには、やっぱり生き物に対して愛情を持つことが大切でしょう。そのことは動物でも人間でも山の木でもおなじなんじゃなかろうか」――最近はそう思うようになったという。

「所長さんもよう『愛情を持って木と接しよう』と言うてじゃけど、ほんまそうじゃのうと思いますよ。愛情を持つということは、手を抜かないということ。スギやヒノキを植えるまえの《地ごしらえ》を怠っちゃあ、ええ木は育ちません」

下草刈り用の草刈り機の歯の目立てをする藤谷《ふじたに》さん

雑木やつるを丁寧に切り、下刈りをする。その積み重ねだ。

「そしてやりっ放しじゃのうて、いつも森に入って自分の目で見てやること。そうすると、木も元気になるんですよ」

人間も若いころの《地ごしらえ》の時期が大事だという。

「まず土台づくり。1日2日の努力で結果が出るもんじゃありませんけえね」と言い切る。

藤谷《ふじたに》さんは暑さが大の苦手で、夏場の作業ではぐったりと疲れ切ってしまうこともある。入所1年目の7、8月は炎天下の作業が体にこたえ、「こりゃこの先つづけられるかのう」と不安を感じた。

「でも『辞めたい』と思うたことはいっぺんもないです。さっぱりした自然のなかで働くことが、わたしの気性にあっとったんでしょう。力のつづくかぎりは山へ出て仕事をしたいですよ。自分が育てた木の成長も感じたいですしね」

15年まえツチノコと遭遇した林道は今も作業のたびに通る。両脇に植えられていた50センチほどのヒノキは、今は10メートルほどに育った。

藤谷只吉　ふじたに・ただよし（75）
昭和2年8月14日、口和町《くちわちょう》生まれ
昭和38年1月、庄原《しょうばら》林業所入所
戸谷《とだに》山・殿畑《とのはた》山・須川《すがわ》山担当
比婆《ひば》郡口和町《くちわちょう》在住

「山で生きちゃろう」と心に決めたあの日
竹中一司《たけなかかずし》さん

14歳の少年だった戦時中に広島の兵器補給所へ出た5か月を除いて、竹中《たけなか》さんはずっと山を生活の糧としてきた。

終戦直後から地元の山で炭焼きや請負いの下刈り仕事をした。しかし、40年代なかば、急速に普及し始めた化学燃料に押され、木炭産業は下火になる。多くの仲間が山や土地を売り、就職先を求めて広島へ出た。セメント工場や土建業へ移った者が多かった。

「わしはこっからどうやって生きていっちゃろうかあ、と考えました」

竹中《たけなか》さんも広島での就職話を持ちかけられた。しかし、それらをすべて断り、口和町《くちわちょう》に残ることに決める。

「なんとか山へ食らいついちゃろう」

そう思い、山でできる仕事を探した。ちょうど自宅の近くに現在アサヒビール所有の鳥袋山《とりぶくろ》があった。アサヒが鳥袋山《とりぶくろ》を買ったのは昭和20年12月。竹中《たけなか》さんは、ひとりで鳥袋《とりぶくろ》山の管理をしていた山番（**山の管理者**）のもとを訪ねて、下刈りの仕事などを請け負った。しかし林業自体とはそれ以前からも接点がある。

「うちのおじいさんが材木業をやっとって、『アサヒビールの森』から木を分けてもらっとったんです。当時は材木業も景気がえかったけえ、けっこう取引させてもろうとったですね」

そのときの関係を頼りに、庄原《しょうばら》林業所の門を叩く。2代目の中元《なかもと》所長のもと、「アサヒビールの森」で働くことになったのが、昭和46年のこと。担当はもちろん鳥袋《とりぶくろ》山。愛着のあるふるさとの山だ。

竹中《たけなか》さんがかたくなに都会へ出るのを拒んだのにはわけがある。それは、青春時代に見た広島の町が強烈に心に焼きついているからだ。

昭和20年3月、竹中《たけなか》さんは国民学校高等科を卒業する。当時は兵隊に出るか、軍事工場へ働きに出るかのほとんど二者択一

休みの日には自宅の庭の手入れ

竹中《たけなか》さんが指差す先にアサヒの森が……

だった。竹中《たけなか》さんは海軍の入隊検査を受ける。

「当時海軍は軍人の華でしたけえ。検査を受けましたが、『背丈が2センチ足らん』いうことで落とされてしもうたんです。よう覚えとりませんが、１５０センチはいったんじゃなかったですかねえ。わたしは今もこまい（小さい）が、そのころもこまかったけえねえ」

竹中《たけなか》さんは未熟児として生まれた。妊娠8か月目での出産だった。

『もうちいと大きゅうなってまた来年来いや』言われて帰されました。その半年後にゃ戦争も終わったけえ《また来年》はなかったんじゃがね」

海軍への入隊はあきらめ、広島市霞《かすみ》町にあった陸軍兵器補給所へ働きに出る。広い敷地に、銃器や砲弾を収める倉庫が所狭しとならんでいた。

「倉庫のなかを見てたまげ（驚き）ました。もうほとんど空っぽなんですよ。弾薬も武器もありゃしません。新聞じゃまだ《国民一丸でがんばろう》言うとりましたが、『こりゃニッポンはもうダメじゃ』思いましたね」

そのころ日本の戦況は悪化の一途をたどっており、6月下旬には多大な犠牲者を出した沖縄戦が終結していた。

「7月のある日、補給所のまわりを歩きながら空を見あげたら、黒いカラスみたいなアメリカの飛行機が飛んで行きよるんです。２００機ばかりでしたかねえ。聞いたら『呉が空襲でやられた』いうことじゃった。呉の方角を見ると呉の町がぼんやり赤く見えとりました」

——おかしい、なんで広島はやられんのんじゃろう。

との思いを抱えたまま、8月6日の朝を迎える。いつもどおり補給所へ出勤した直後のことだった。ピカッという閃光と同時にドーンという爆音が襲った。

補給所のある霞町は爆心地から約3キロ。そのあいだには比治山《ひじ》という高さ70メートルほどの小山がある。比治山《ひじ》のおかげで原爆の爆風や熱線はかなりの程度避けられた。

「飛んできたガラスが頭に刺さったりしたもんはおったけど、補給所で死んだもんはおらんかったです」

しかし、おなじく広島で働いていた国民学校時代の同級生3人が爆死した。

「『体が元気なもんは救助に行け』と上官が言うんで、市街地のほうへ向こうたんです。じゃが、炎や煙で一向にまえへ進めん。行ける範囲で助かりそうな人を見つけちゃトラックに載せて、補給所の医務室へ運びました」

広島でなにが起きたのか知る由もない。「とにかくピカドンにやられた」という噂だけが行きかった。

「9月4日にようやく暇をもらって故郷へ帰れることんなったんです。そのとき、広島駅で見た光景が忘れられん。自分が立っとる足元から、遠い先に見える宇品の港にかけて、なーんもない。建物も橋もみななくなっとる。黒うに焦げた電柱の先でこまい火がボソボソとくすぶっとる。それをボーッと眺めながら『よし、わしは山で生きちゃろう』と思ったんです」

地獄絵図のなかでの救助作業。故郷へ向かう駅から見渡した一面の焼け野原。そのときの記憶が、竹中《たけなか》さんを山での仕事に執着させることになった。

「あのときのことを思うと、なかなか『よっしゃ、町へ働きに出ちゃろう』とは思えんです

（写真上から）奥さんの保《やすく》さん　ビニールで丁寧に覆った畑を手入れする保《やすく》さん　ご夫婦ふたりで記念撮影　自宅の縁側でひと休憩

よ。それにもともと大自然のなかで育ってきとるし、山んなかがいちばん性にあっとんるです」

故郷へもどった竹中《たけなか》さんは、炭焼き、材木業、そして「アサヒビールの森」、と山一筋の道を進むことになる。家族のなかで唯一原爆手帳を持ち、今も年に2回の検診を受けているが、幸いなことに、原爆による体への影響はない。

「自分が『未熟児で生まれた』いうて聞いたときに、《自分は、そこで死なずに生き延びさせてもろうたんじゃ》思いましたけえ、あとはもう精一杯生きちゃろう思うたんです」

その言葉どおりの人生を送る竹中《たけなか》さん。

「これからも山で生きちゃりますわ」

自分の気持ちに正直な竹中《たけなか》さんがたどり着いた答えはシンプルだ。

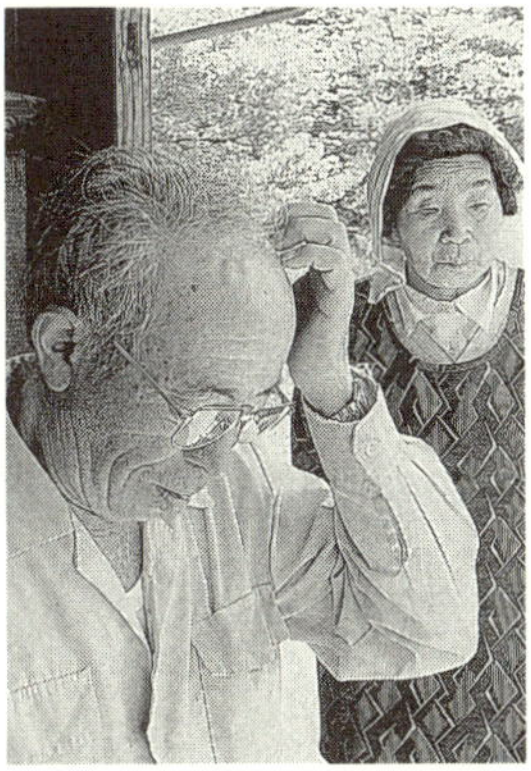

竹中一司　たけなか・かずし（71）
昭和6年1月5日、口和町《くちわちょう》生まれ
昭和46年9月、庄原《しょうばら》林業所入所
鳥袋山《とりふくろ》担当
比婆郡《ひばぐん》口和町《くちわちょう》在住

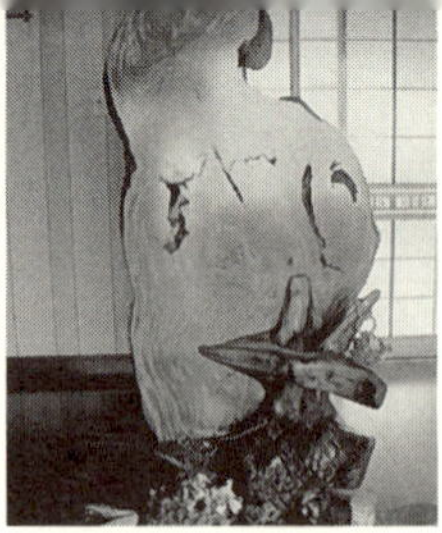

玄関に置いてあるついたて

ものづくりに惹かれる森人
松本《まつもと》鶴夫《たづお》さん

「ものができあがっていくのを、目や体で感じるのが好きなんです」

自分の山で切り出した木などを使って木工品をつくるのが松本《まつもと》さんの楽しみだ。

『つくる』ゆうても、自分でこしらえるんじゃないんですよ。わたしはできやしませんけえ。知りあいの工芸店に自分が選んだ木を持ちこんで加工してもらうんです」

木工品をつくり始めたのは12年まえ。いとこが勤めていた島根の工芸品会社に頼んでつくってもらう。トチの木を持ちこんで、テーブルをつくってもらったのが記念すべき第一作だ。これまでにつくったのは、テーブル、ついたて、茶缶、花台など。

「人にもあげてしまうけえ、家にはそうえっと置いとりません。まあ、自信作は？　と言われりゃ茶入れと茶托《ちゃたく》ですかねえ」

3年まえにつくった茶入れは、えんじゅの木でできている。渋めのこげ茶色に趣がある。7〜8000円の加工料でつくってもらったという。

「湿気もまったくこんし、実用的でもありますよ」

松本《まつもと》さんが木工品に使う木は、ケヤキ、エンジュ、クワ、クロガキが多い。できあがったときに浮かんでくる木目が鮮やかで美しいからだ。

「一本の木がどんなふうに変わっていくんじゃろう、ゆうてワクワクしますねえ。木に潜んどったいろんな模様があらわれてくるのが楽しいです」と目を輝かせる。

何十個もつくってある茶托《ちゃたく》のなかでも、肥え松でつくったものがいちばんのお気に入り。

「全体が山吹色。そのなかに赤っぽい木目がはっきり出とって、おもしろい出来具合んなっとるけえ、気に入っとります」

いい品物になると、えてして飾り棚や引出しのなかにしまいこんでしまいがちになるのが普通かもしれない。しかし、松本《まつもと》さんは木工品を実際の生活のなかで使いこんでいる。

「しっかり使ってあげんと木にも職人さんにもわるいでしょ。使うていくうちに、またちがった味が出てきたり、蓋のすべりがよくなったりするけえね」

その言葉どおり、抹茶の粉にまみれた茶入れは、まっさらな物にはない存在感を備えている。

「アサヒの森で仕事中に、『あっ、こりゃあ木工品にしたらええのができそうじゃのう』思う木を見つけるときがあるんですがね。そればっかりは、こそっと持って帰るわけにゃいかんけえね」と笑う。

自分の手で実際に木工品をつくったことはまだない。

「やってみようとは思っとるんじゃけど、時間もないし道具もないし、まだ手を出せんままじゃね。おじいちゃんになってから、ゆっくりいじってみちゃろう思うとります。自分でつくっとるのは、もっぱら農作物ですね」

松本《まつもと》さんはコメのほかに、季節にあわせた野菜をつくっている。自分たちが食べる量しかつくっていないそうだが、〝食べる〟より〝つくる〟こと自体が好きだという。

「山から帰ってしんどいときも、畑仕事はしっかりとやりますよ。キャベツやらハクサイやらつくっとりますが、青々と育ってくれとるのを見るとやっぱりうれしいですけえ。反対に、植えたもんが実をつけてくれんかったりすると、ほんまがっかりですけどね」

松本《まつもと》さんのお母さん

松本《まつもと》さんのお父さん

ものの完成形をながめることよりも、なんらかのかたちに、しあがっていく過程が松本《まつもと》さんの心を惹きつける。それも、やっつけ仕事ではなく、時間と手間をじっくりかけるものづくりの過程に。

松本《まつもと》さんは中学を卒業後の数年間、黒石《くろいし》山などで炭焼きをしていた。一年のうち半年は国有林の仕事を、残りの半年は炭焼きの仕事をした。お父さんといっしょに作業することも多かった。

「おやじと一緒じゃと言っても、まあふたりとも黙々と働いとったですけえね。叱られるときぐらいですよ、よう口をきくのは。男親とはだれでもそんなもんでしょう」

当時、一級品の炭は4貫俵（約16キログラム）で420円前後だったという。

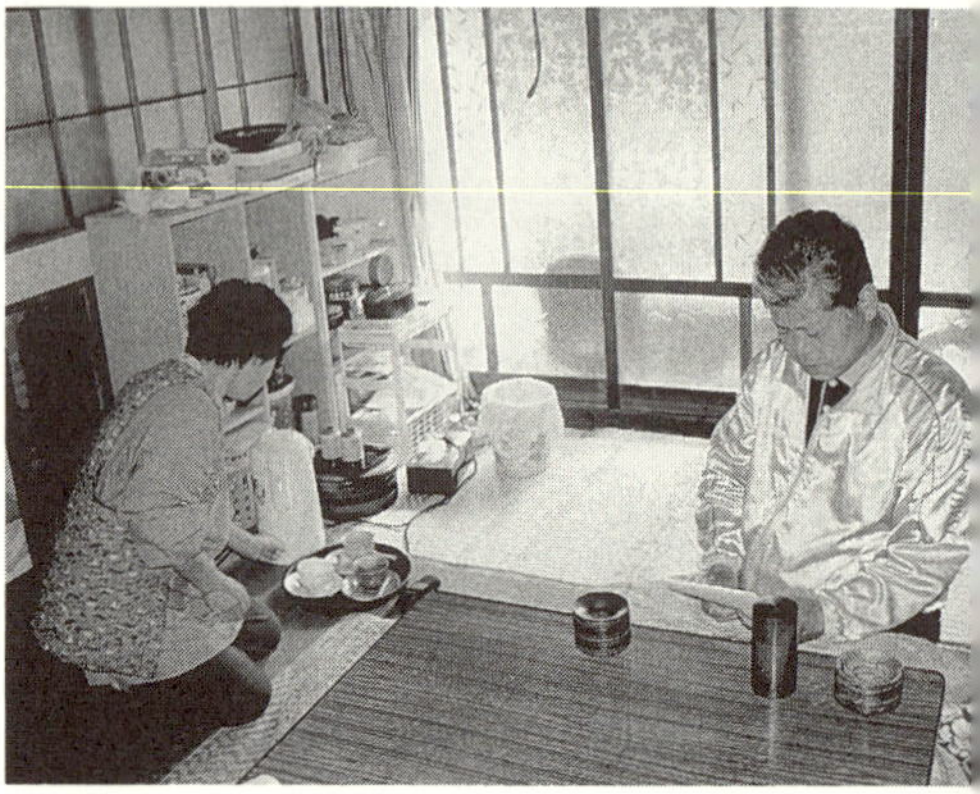

居間でくつろぐ松本《まつもと》さんと奥さん

松本《まつもと》さんの奥さん

「一級品言うたら最高級のものですが、これは炭の焼き方で値がちごうてくるもんなんです。バッと火をつけて一気に焼いてしまうと柔らかくなってしまって良質の炭はできんのんです。適度な火力で、じっくりゆっくり2日ほどかけて焼いて出すと良質なのができます。叩くとキーンゆうて音がしますよ」

松本《まつもと》さんにとって、丹念にものをつくることの原点は若き日の炭焼きにあるのかもしれない。

「アサヒビールの森」で木を育てていくことも松本《まつもと》さんにとってひとつのものづくりだ。

「山仕事は、やっぱりしんどい仕事じゃありますよ。まあ、木でも牛でも作物でも、生き物を育てていくのは、どれもしんどいもんですけえ。けど、丁寧に手をかけりゃ、納得いくもんをつくることができますよ」

松本鶴夫　まつもと・たづお（61）
昭和16年5月1日、高野町《たかのちょう》生まれ
平成7年1月、庄原《しょうばら》林業所入所
俵原《たわらばら》山担当
比婆《ひば》郡高野町《たかのちょう》在住

全国の銘木を切り歩いてきた
福光輝昭《ふくみつてるあき》さん

5代将軍綱吉が「お犬様」を寵愛していたころ。江戸町民が近松歌舞伎に沸いていたころ。そのころに芽生えた若木が、300年のときを経て《銘木《めいぼく》》と呼ばれるまでに育つ。

林業所に入って9年目になる福光《ふくみつ》さんは、入所以前、広島県内を中心に、全国の銘木を切り歩いていた。

銘木とは『樹齢が古く、姿が気品を備えている木』と辞書にある。普段から木に接することのない者にとっては木の〝気品〟など想像もつかない。木の気品とは？　という問いかけに対する福光《ふくみつ》さんの答え。

「形やバランスも立派なんじゃが、それだけじゃのうて『趣がある』と言うんか、なにかこう圧倒されるように感じるんよね」

福光《ふくみつ》さんが銘木を切っていたのは、「アサヒビールの森」で働くまえのこと。庄原《しょうばら》の材木所に勤めていたころのことだ。

「その会社が銘木を主体に扱っとったんで、神社の木などをよく切っとりました。全国津々浦々に銘木のある神社や産地があったけえ、出張して伐採しとりました」

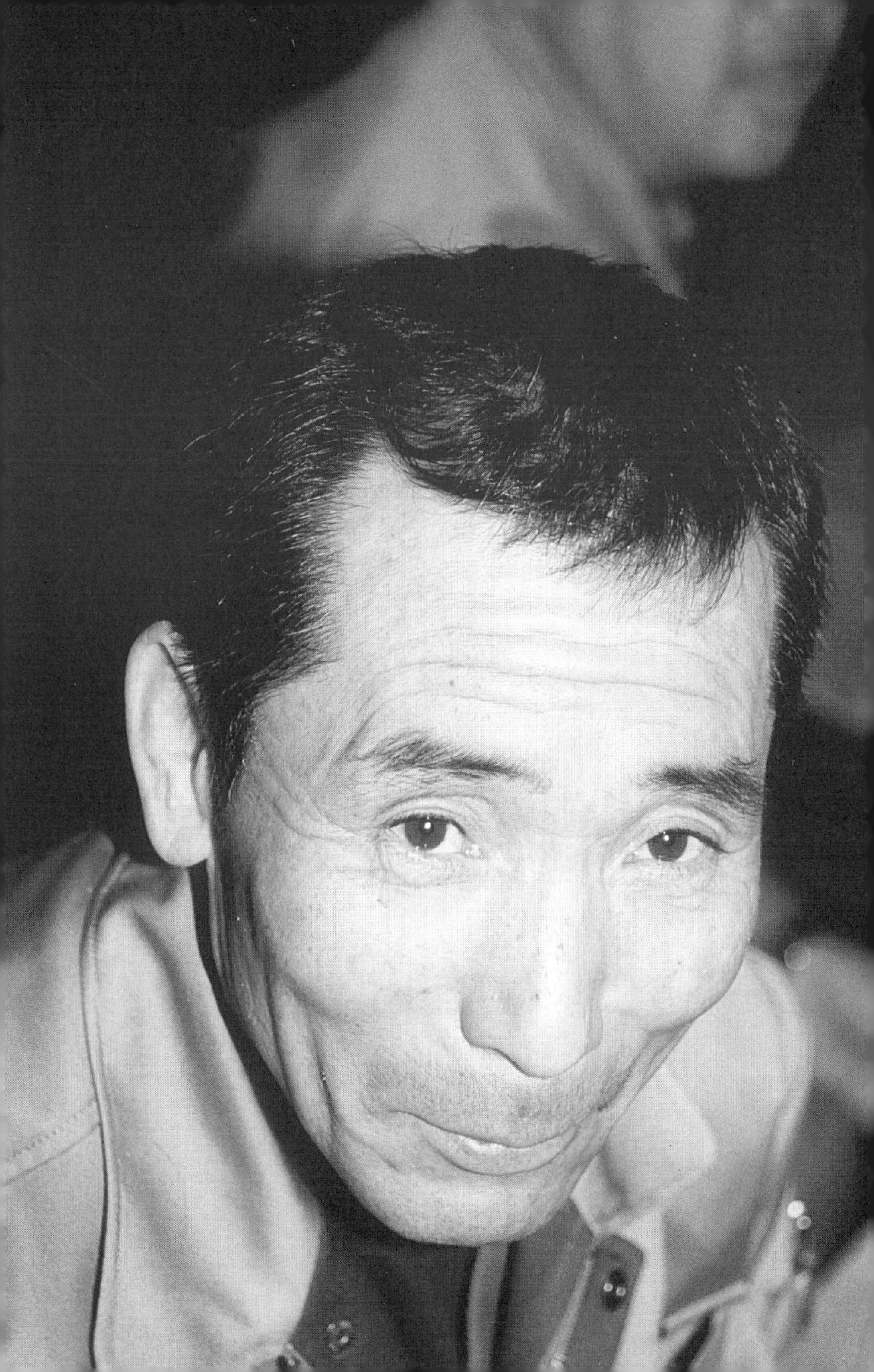

銘木として切り出されるのはスギ、ヒノキ、ケヤキ、マツが多い。木造家屋の内装や、老舗旅館の看板などによく使われるという。

「樹齢が300〜400年になると、直径が2メートルになるもんもある。切るのが恐ろしゅうなりますよ」

それほど巨大な木を切るためには、当然それに見あった技術と経験が必要とされる。

大木になると、木に登って上から順に切り落としていく。神社などでは、狭い場所での危険な作業になる。鉄の爪がついた履物を履き木皮の引っかかりを、たしかめながら木に登る。安全ベルト1本を頼りに10数メートルの高さでの作業。

銘木は8メートルで3000万円程度の値が普通だったという。いい物になるとさらに高値がつく。むやみに木を傷つけることはできない。

「絶対に失敗が許されんけえ、切るたびにもうドキドキ。ほんま緊張しましたよ。それだけにやりがいもあるけどねえ」

福光《ふくみつ》さんはほかの職人の仕事を真似ることで、こうした技術を徐々に自分のものにしていった。その技術は「アサヒビールの森」のほかの作業員も認めるところだ。

「ほかの県へ行くと、その土地で銘木切りに携わっとる人がおります。その人らの作業を見たりして。島根県には人間国宝に指定された職人さんがおって、その人の仕事はじーっと見よった。作業に無駄がなくて素早かったねえ」

こうした日々の努力の成果が問われる場がある。毎年開かれている《全国銘木品評会》という大会だ。そこでは全国各地から持ち寄られた銘木の質が競われ、農林水産大臣賞などによって格づけがされる。

「会社の知名度や評判をあげられるけえ、わしらもええ木を出品できるように頑張っとりました」

まえの会社を辞めてから10年近く、大木、銘木の類を切ることから離れている。腕がうずうずするんじゃないですか、という問いには、「いや、危ないですけえ、できればやりとうは

5月の節句　福光《ふくみつ》さんの家には　孫たちのための鯉のぼりが……

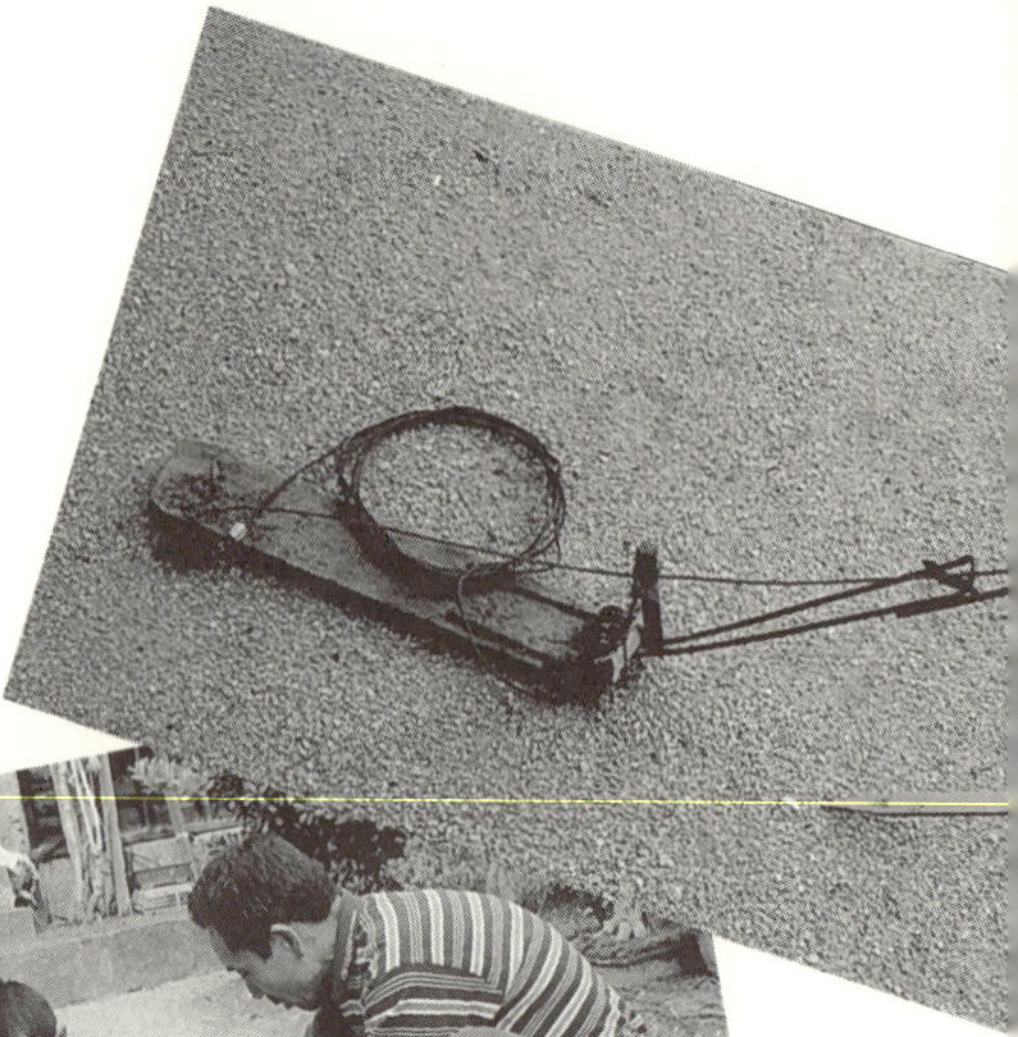

（写真上から） 福光さんご愛用のイノシシの罠　孫たちに罠のしかけ方を教えている福光《ふくみつ》さん　嫁（右）と孫たちとともに田植え機のまえで　福光《ふくみつ》さんは炭を今も焼いている　その炭窯のまえで

ないです」という意外な答え。

「ずっとつづけてやっとりゃええんじゃけど、一旦中断したけえね。やっぱり間があくと恐いです。高いとこへあがるのも、太い木が倒れてくるのもね。立派な銘木になるほどこっちが『木に呑《の》まれる』んですわ。今振り返ると、若いときじゃったけえバリバリできたんかのう、思うこともあります」

福光《ふくみつ》さんは、銘木切りのほかにもうひとつ、おもしろい技術を持っている。イノシシ獲りの〝わな〟をしかけることだ。

「そがあに《技術》じゃなんて大袈裟なことは言わんでください」

銘木の話のときもそうだったが自分の経験や技術を自ら強烈にアピールはしない。

「イノシシが田んぼを荒らしていけんもんで、どうにかしようと思って。みんな柵をこしらえたり銃で撃ったり自分なりの方法で対処しとるけえ、わたしはわなをやってみよう思った」

イノシシ捕獲用のわなをしかけるには狩猟免許がいる。狩猟免許には甲・乙・丙種があり、わなに必要なのは《狩猟甲種免許》。福光《ふくみつ》さんは4年まえに取得した。

「これまでに5、6頭獲りましたかねえ。でも今年はさっぱりダメ。今地元の山へ8個ほどしかけとるんじゃが、まだ1頭もかかっとりません」

福光《ふくみつ》さんは《くくりわな》を使う。ワイヤーでできた20センチぐらいの輪状のわなを山中の落ち葉などに隠す。11月15日から2月15日の猟期のみの勝負だ。

「食べるためというよりは、田んぼを守るためですがね。でも、獲れたらしっかり食べます。独特の臭みがある言うけど美味《うま》いですよ、シシの肉は」

ユニークな技術を持つ福光《ふくみつ》さんだが、若い人にそうした技をどんどん教えたいか、と言えばそうでもない。

「こっちが無理に教えようとしても、本人が望んどらんといくらやってもダメですけえね。それに、わたしも銘木切りはしばらくしとらんけえ、教えられることなんかありゃしません」

福光《ふくみつ》さん、どこまでも謙虚だ。

「昔のことより、今はアサヒの仕事をきちんとやることのほうが大事じゃけえね」

福光輝昭　ふくみつ・てるあき（54）
昭和23年2月11日、比和《ひわ》町生まれ
平成5年4月、庄原《しょうばら》林業所入所
比和奥《ひわおく》山担当
比婆《ひば》郡比和《ひわ》町在住

スコップ一本でイノシシを倒す
脇坂晛一《わきさかけんいち》さん

15年ほどまえの冬の朝。市場へ出た帰り道だった。40センチほどの雪が山道を覆《おお》っていた。戸谷山《とだに》をひとりで歩いていた脇坂《わきさか》さんに向かって、1頭のイノシシが突進してきた。持っていたスコップをとっさに構え、何度も殴打した。雪に足を取られてひっくり返った脇坂《わきさか》さんの足や尻をイノシシが突いてくる。スコップを持ち直し、無我夢中で振りまわした。「だれか来てくれ」という声を聞きつけて、近くの集落から男が駆けつけてきたときには、イノシシは頭から血を流して倒れていた。

「イノシシに出くわすのは、はじめてじゃって、ほんまびっくりしてからね。ふっとわれに返ってスコップを見たら、ぐにゃぐにゃに曲がってしもうとるんです」

よく見ると、イノシシの足には銃で撃たれた傷がある。真っ白な雪の上に、イノシシの引きずってきた血痕が川向こうから伸びていた。「猟銃もないのにひとりでイノシシを倒すとは、たいしたもんだ」とまわりの仲間に驚かれた。

しかし、このイノシシが一悶着の種となる。

「『捨てるのはもったいないけえ食べよう』と思うて、口和町《くちわちょう》猟友会の人に調理を頼もう思

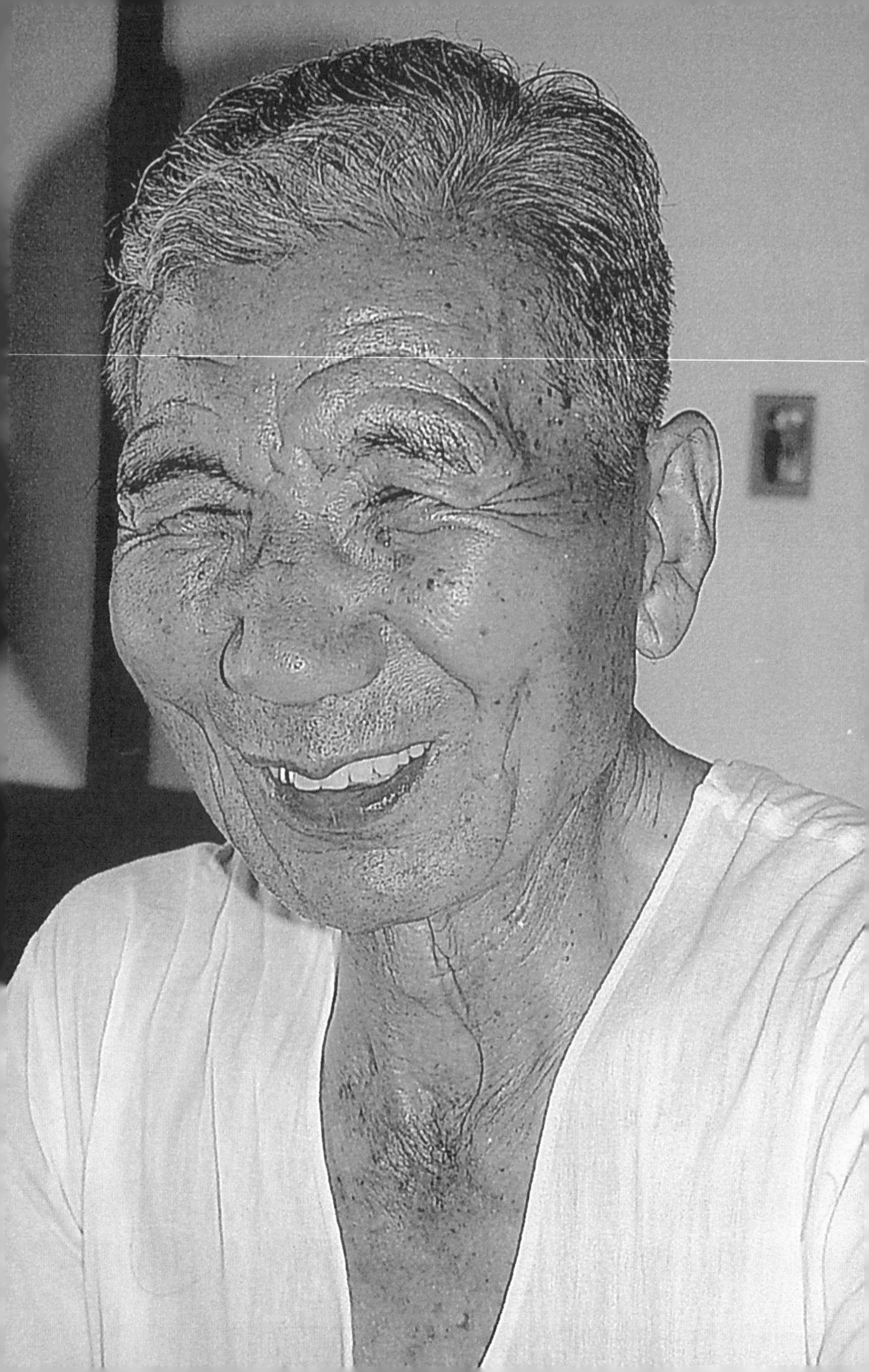

スーパードライを飲みながらたんたんと自分史を語る脇坂《わきさか》さん

うてイノシシを渡したんです。そしたら、隣町の庄原《しょうばら》猟友会が怒ってきた。じつはそのイノシシは庄原《しょうばら》猟友会の人の手負いじゃったんです。庄原《しょうばら》の人が撃ったイノシシが逃げてきたとこにわたしが遭遇したわけです。スコップで倒したとこが禁猟区じゃったのもいけんかった。庄原《しょうばら》猟友会の人が『口和《くちわ》の猟友会がイノシシ肉を横取りした』とえらい怒ってきた」

その日の夜、庄原《しょうばら》猟友会から届けを受けた警察は、事情を聞くため脇坂《わきさか》さんに署へ出向くように言った。

「『なんもわるいことしとらんけえ行きません』ゆうて行かんかったんです。行ったら留置場へ入れられる、思うとりましたけえ。ほしたら、つぎの朝警察の人がふたり家まで来たんです。わしゃ『ありゃ正当防衛じゃ』言い張りました。口和《くちわ》の猟友会の人も警察に呼ばれて取り調べされました。『盗っちゃおらん、ぬれぎぬじゃ』言っとっちゃったですよ」

結局、口和《くちわ》、庄原《しょうばら》双方の猟友会が話しあって、この一件は丸く収まった。詳しい事情を知らなかった庄原《しょうばら》猟友会の人が、「自分が撃ったイノシシを、口和町《くちわちょう》猟友会の人が禁猟区なのに横取りしていった」と誤解したことに始まった警察沙汰だった。

「まったく人騒がせなイノシシもおるもんじゃわ」

と作業員仲間のあいだでも笑い話になっている。

「肝心のイノシシは、警察の人が持っていってしもうて、そのまんま行方知れず。きっと警

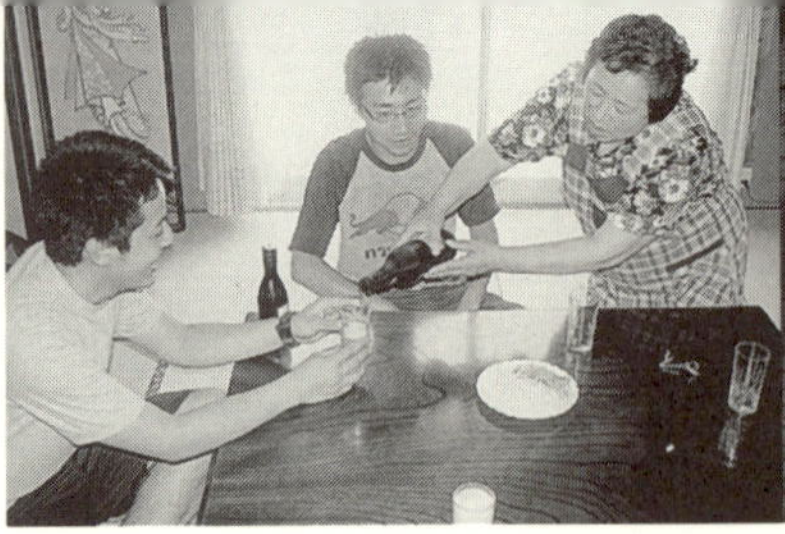

奥さんの絹枝《きぬえ》さんは　MEO（移動編集室＝大型キャンピング・カー）を運転する若者にも気をつかってくれスーパードライと自分でつくったトウモロコシをふるまってくれた

察の人がみな食べてしもうたんじゃ、言うて笑いましたがね」

イノシシ肉は高級品だ。この冬（2001年）の相場は1キロ5000円前後。11月15日から2月15日までが猟期で、その期間には多くの猟師が山に入る。福山《ふくやま》近辺からも泊りこみで猟友会の人たちがやってくる。

「それだけこのへんはイノシシが多いゆうことですが、わるさをして困ることも多いんです」

好物の自然薯やミミズを探して、田んぼのあぜを掘り荒らす。持ち山にクリの木を植えたときも、3年ほどしてようやく実がなったころ、一晩のあいだに全部食べられてしまっていた。

「農家じゃイノシシ除けにトタンの柵や電気柵をこしらえるんですが、それを飛び越したり突き破ったりして入ってくる。このへんの農家は、多かれ少なかれみな被害にあっとります」

このあたり、田から山へかけての斜面に、水色や緑色の柵が設けてある光景が広がっている。

昭和37年の秋、脇坂《わきさか》さんは「アサヒビールの森」の仕事を日雇いで始めた。日当は400円弱。奥さんの絹枝《きぬえ》さんも一緒に山に入り、戸谷《とだに》山を中心に夫婦で作業に出た。

脇坂《わきさか》さんの家

脇坂《わきさか》さん一家（アルバムから）

「当時はそれで十分生活できる収入でした。なんせテレビも遊びもないけえ、よいよ無駄なお金を使うことがなかったんです」

脇坂《わきさか》さんの家は広い農地を持っており、農業だけでも十分食べていけた。「林業所と正式に契約して入所すれば諸手当もついて割がいいのに」と勧められたが、家の農作業のことを考えると、《月に20日間出勤》という契約は結べなかった。

当時トラクターなどはなく、小さな耕運機を使っての農作業は大変な重労働だった。脇坂《わきさか》さんが山の仕事にかかりっきりになるわけにはいかなかった。そのため農業用機械が揃い、昭和49年に臨時社員契約するまでは、日雇いとして「アサヒビールの森」で働いた。

当時このへんはクヌギ、ナラといった広葉樹が多くて、地元の人たちは炭焼きに精を出していた。「アサヒビールの森」でも、絶えず炭焼き窯《かま》からの煙があがっていた。

「炭焼きで伐採された跡を《地づくろい》して植林をするんですが、その苗を運ぶのが大変でした。スギやヒノキの苗を入れた《かます（わらで編んだ籠）》を背負って、まだ作業道のついていない山道を1時間ほど歩いて運ぶんです。木材を運び出すのも大変でねえ。《木馬《きうま》》に乗せて女房とふたりで運びました」

《木馬《きうま》》は、木でできたソリのようなもので、地面に台木を敷き並べ、その上に《木馬《きうま》》を載せて押し運ぶ。今も作業小屋に大事にしまってある。

「一度にかなりの数を運ぶし、道も不安定で危ない作業でねえ。命を落とす者もおります

←（上段の写真　左から）「この道具（カワハギ）を使って　アベマキの木から皮をこのように削る」と自宅の倉庫で実演中の脇坂《わきさか》さん（中）アベマキの皮の内側（右）たしかにコルク状になっている（下段の写真）山の道具は機械化されたが　ナタだけは　今も山仕事には欠かせない

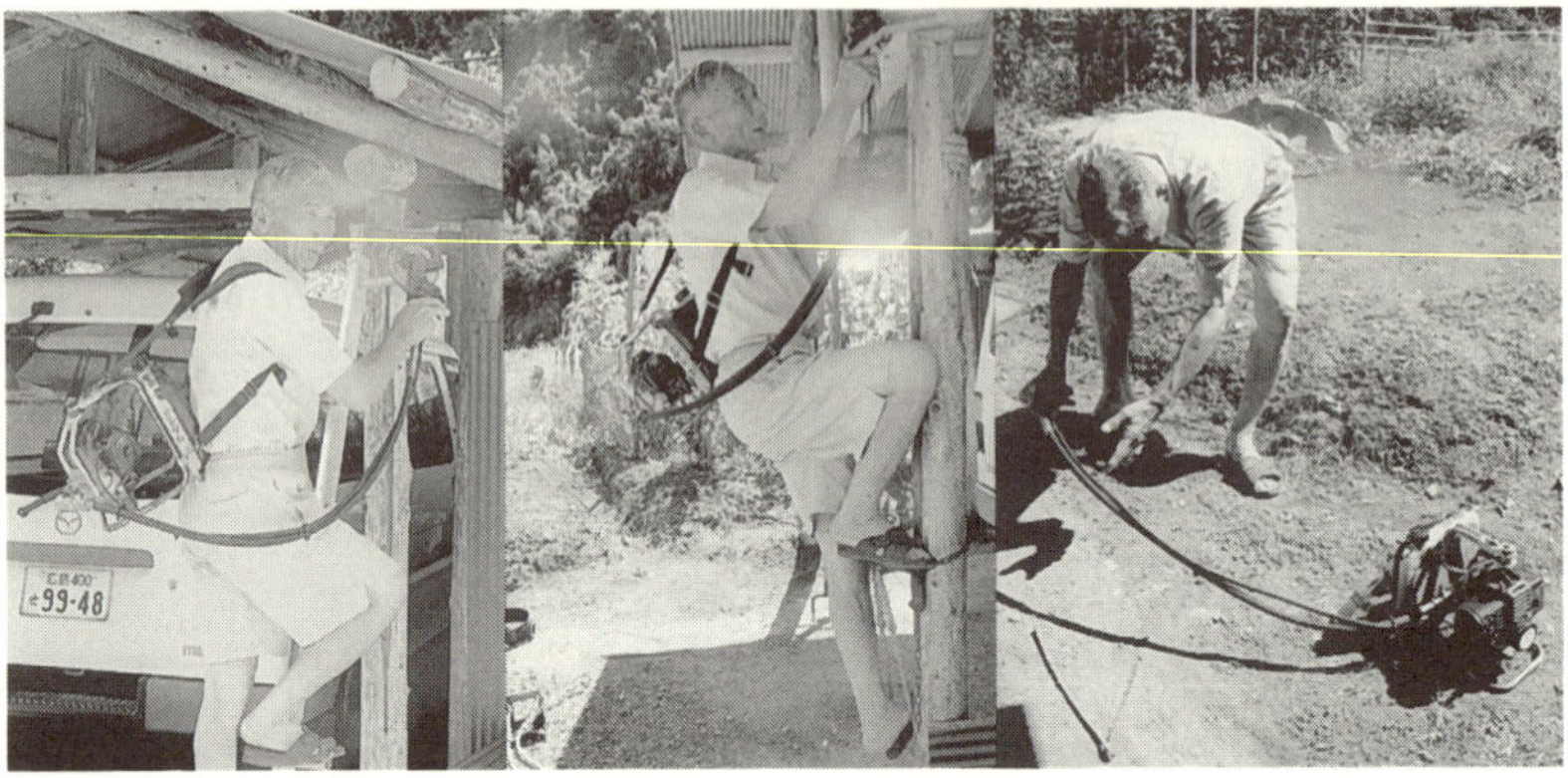

脇坂《わきさか》さんは　自分でつくった自宅の車庫の丸太の柱を使って　山でやる作業のうち枝打ち作業のやり方を実演つきで説明してくれた　枝打ち機のエンジンをかけ（右）木登り器を使って木に登るときのやり方（中）　山では一本足の脚立を使う（左）ことなどを教えてくれた　ほんとうに親切な人だ

よ。今は作業道を車で行けて、ほんま昔に比べて便利になりましたよ。重労働もあったけど、山林の仕事に打ちこめたからこそ、それが一生の糧になってくれたんです」

「アサヒビールの森」での出来事でいちばん心に残っているのは、昭和42年の夏に道後山《どうごやま》（広島県）で開催された下刈り技術競技大会（広島県森林連合会主催）。機械を使った下刈り技術を競うこの大会には県内各地から20人以上が参加した。

テープで区切られた山の斜面約3アールほどの区域内にある下草を「よーいドン」の合図で刈り始めた。苗を切ってしまっては減点になる。家族や作業仲間、当時の林業所所長中元《なかもと》さんたちが脇坂《わきさか》さんの作業を見守っていた。

「ほんま胸が破れるほど必死で動きまわり

脇坂《わきさか》さんの家で大宴会中のアサヒの森の仲間たち
奥さんがかいがいしく宴を取りしきる

ました」

いちばん先に刈り終え、機械のエンジンを止めた。

「そしたら『まだあるでえ』言うて審査員が叫んどる。隅っこのほうがまだ残っとったんです。『あ、しもうた』思うて、またエンジンかけて走って刈ったんじゃが」

そのあいだに、ほかの選手に抜かされ2等になった。

「今思えば、ようあんなに動きまわったのう。若いときがあったんじゃのう、と感じますわ」

競技が終わったあと、中元《なかもと》所長（当時）から差し入れてもらった缶ジュースの味が忘れられない。

現在73歳を迎え「よくまあ40年も山ですごせたなあ」と思うことがあるという。

脇坂《わきさか》さんは　自宅からちよっと離れた所にある倉から　いろんな古い民具を取り出して見せてくれた

「仕事仲間同士の暖かい心のつながりが励みんなりました。こんなきれいな空気のなかで、鳥のさえずりを聞きながら作業できることは、とても幸せですよ。そういうこと全部が健康にもええんでしょう。あとは山を愛する若い人が、この仕事に興味を持ってくれりゃあええんですがねえ。でも、まだまだ自分も動きますけえ。これからも森の木とともにすごしていくつもりですよ」

張りのある声が静かな森に響いた。

脇坂《わきさか》さんの倉に眠っている古い民具　このなかで実際に見たことのある民具ありますか？ 名前をご存じですか？

脇坂晛一　わきさか・けんいち（73）

昭和4年3月1日、口和町《くちわちょう》生まれ

昭和37年庄原《しょうばら》林業所入所

戸谷《とだに》山・須川《すがわ》山・殿畑《とのはた》山担当

比婆《ひば》郡口和町《くちわちょう》在住

よく手入れの行き届いたアサヒの森

病みつきになった田植え歌

山下勝利《やましたかつとし》さん

平成10年、皇太子・雅子夫妻が庄原《しょうばら》を訪れた。「みどりの愛護の集い」として記念植樹をしながら全国をまわっておられたときのことだ。庄原《しょうばら》市にある備北《びほく》丘陵公園の広場に2本の里桜を植えられた。

そのとき、自慢の歌声で田植え歌を披露したのが山下《やました》さんだ。

「その日は小雨が降りよったけど、たくさん人がおるなかで歌えて気持ちえかったですよ」

10頭の黒牛、30人の早乙女《さおとめ》、20人の太鼓打ち。100人以上の見物客と皇太子夫妻が見守

比和《ひわ》町の《牛供養田植《うしくようだう》え》風景
（山下《やました》家のアルバムより）

られるなか、比和《ひわ》町の伝統芸能である《牛供養田植《うしくようだう》え》が披露された。

まずは黒牛による代かき。それが終わると、苗を手にした早乙女《さおとめ》が田に入っていく。

ヤーレ、供養にゃ大山様を迎えよう
ヤーハイ、迎えよや大山様を
ヤーレ、供養はなんのためにするもの
ヤーハイ、するもの牛馬のため

山下《やました》さんと早乙女《さおとめ》さんたちのかけあいで歌は進んでいく。

「このかけあいが、歌っとっていちばんおもしろいとこじゃね。リズムがようて病みつきんなりますよ」

比和《ひわ》町の《牛供養田植《うしくようだう》え》は、県の無形民俗文化財に指定されている。牛の供養と五穀豊穣を祈願するおおがかりな儀式で、比和《ひわ》町をはじめとした備後《びんご》地方でもっとも盛んに行われている。比和《ひわ》町では5年に一度、町なかの田んぼで盛大に行われる。

山下《やました》さんが田植え歌を覚えたのは高校時代。郷土芸能をやっている地元の人が、「伝承せんと、すたれてしまう」と《牛供養田植《うしくようだう》え》を教えに来ていた。放課後の練習に、山下《やました》さんも軽い気持ちで参加した。

《牛供養田植え《うしくようだうえ》》のメンバー（山下《やました》家のアルバムより）

「はじめは太鼓をやっとったんです。太鼓を叩くには歌も知っとかんとうまくリズムに乗れんでしょ。ほいじゃけ、歌も自然に覚えたんです。ちょうど歌をやっとった人が途中で抜けて、『おまえやってみい』ゆうて歌い始めたんが最初です。そしたらもう病みつきですよね」

周囲の人たちから「抜群に歌がうまい」と言われる山下《やました》さん。「そがあなこたあないです」と照れて笑うその声にも渋みがある。

22歳のときには、代々木公園で開かれた「全国郷土芸能大会」に県の代表として参加。5位入賞を果たした。結婚式などでも、「一曲歌ってくれ」と頼まれることも多い。カラオケでは山男の代表曲、北島三郎《きたじまさぶろう》の『山』が十八番《おはこ》。

山下《やました》さんは昭和46年に入所後、平成元年までもっぱら山での作業をしていた。生まれも育ちも比和《ひわ》町。庄原《しょうばら》実業高校では農業科に通った。

「そのあと2年間、冬の出稼ぎに出とったことがあります。1年は福山《ふくやま》の建設現場で、1年は高松《たかまつ》の酒屋で働きました。そのあとアサヒビールへ入りました」

「自宅のすぐ裏山がアサヒの山なので、地元で仕事ができる」ということで、会社からの誘いもあり、「アサヒビールの森」で働き始めた。

現在は、「アサヒビールの森」全体を管理する立場にある。現場の作業員に作業計画を伝え、指示を出す。定期的に山を見まわり、作業の進行状況を見守る。1年の半分は林業所の

事務所で、半分は現場に赴いての仕事だ。給料日になると、それぞれの山を一日かけてまわる。

「うちは『この面積の作業をいくらでお願いします』という出来高制じゃけ、作業員の人も責任持ってしっかりやってくれとってです。手を抜いたりする人はもちろんおってんない。木は正直で、ちゃんと手がかけられとるかどうか、のちのち結果がすぐわかりますけえ」

　今はふたりペアーか３人グループで班を組んでの作業がほとんど。しかし以前、作業班の人数がもっと多かったころは、「おなじ班だからといって、作業の手を抜いてばかりいる人とおなじ報酬では納得いかない」といったもめごとがよくあったという。

山下《やました》家に集まったアサヒの森人たち（右端筆者　その隣が山下《やました》さん）

奥さんのユリ子さん（右）と憩いのひととき

「昔は若い人も年配の人も女性も、みんな均等に賃金を分けとったけえ、たしかに文句も出てきますね。自分の報酬を増やそう思うたら、みんなのをあげんといけんようになってしまう。今やっとるように、ふたりか３人の班がちょうどええんです」

自分の田畑では農業を営む。奥さんのユリ子さんとともに、コシヒカリや、八反錦、野菜などを育てている。

「今は機械化が進んどるんで、土日で十分こなせるんですよ」

以前は比婆《ひば》牛も飼っていたが、４年まえにおじいさんが亡くなったあと、牛飼いはやめた。

「夫婦ふたりで牛の世話をしよう思えば大変ですけえ。ふたりとも仕事で家を空けるけえね」

ユリ子さんも「アサヒビールの森」へ働きに出ている。奥さんの担当の甲野村《こうのむら》山は家のすぐ裏手にある。

「この森はぜんぶ財産じゃと思います。それを守ってきた年輩の方らもすごい。もっともっとみんなに知ってもらって、森もどんどん生かしていければええんじゃが」

森が、林業所がどこへ向かっていくのか、思い描きながらの日々。

「人間は自然の一部じゃと思うんです。それが原点。今の世の中にゃそれを忘れてしもうとる人が多いんじゃなかろうか。ここらでいっぺん見直して、『生活する』ということの原点にもどらんといけんのんじゃないか思うんです」

ユリ子さんとふたりいっしょに甲野村山《こうのむら》で作業をしていた時期もあった。

「今は休みの日にふたりで出かけることはめったにないねえ。わしは温泉につかるような趣味はないけえね」

と笑うが、何気なく始めた田植え歌に病みつきになった山下《やました》さんのこと。案外温泉通いも、そのうち病みつきになるかもしれない。

つぎに山下《やました》さんの田植え歌が披露されるのは3年後のことだ。

山下勝利　やました・かつとし（53）
昭和24年4月6日、比和《ひわ》町生まれ
昭和46年8月、庄原《しょうばら》林業所入所
庄原《しょうばら》林業所勤務
比婆《ひば》郡比和《ひわ》町在住

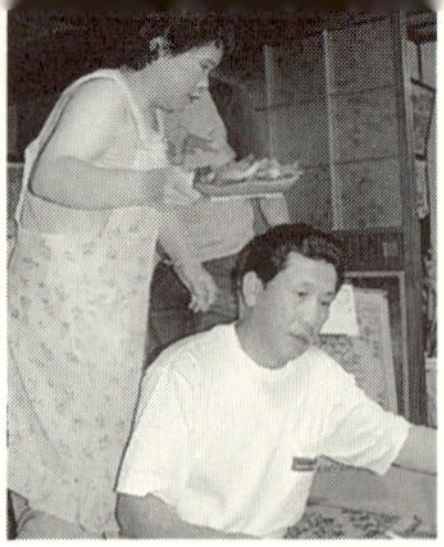

喜びは自分で見つけるもの
山下《やました》ユリ子さん

「なにより自然を味方にすること」

ユリ子さんの張りのある第一声。

「せっかく大自然に囲まれとるんだから、そこから最大限楽しみをもらわんとね」

林業所事務所のある庄原《しょうばら》市街地から北へ約13キロ。甲野村《こうのむら》山や法仏《ほうぶつ》山などに囲まれた静かな山あい。目のまえを、雪解け水を蓄えた清流の古頃《こごろ》川が流れる。

「うちから見える民家は2軒だけ。あとは丸ごと大自然ですよ。自然の恵みは、まずこの澄んだ空気。それからなんと言っても食べ物。美味《おい》しくて体にいい山菜やらキノコやらがたっくさん採れるんよ。今日も山の幸でいろいろつくったんで食べてみてちょうだい」

ユリ子さん特製山の幸料理を腹一杯ご馳走になった。

《山菜の煮物》

山菜はタケノコ、フキ、ワラビ、アザミと種類豊富。調味料は醤油とミリンのみ。薄味で素材の旨みをそのまま生かす……噛むたびに、山菜の甘みが出て、とにかく美味《うま》い！

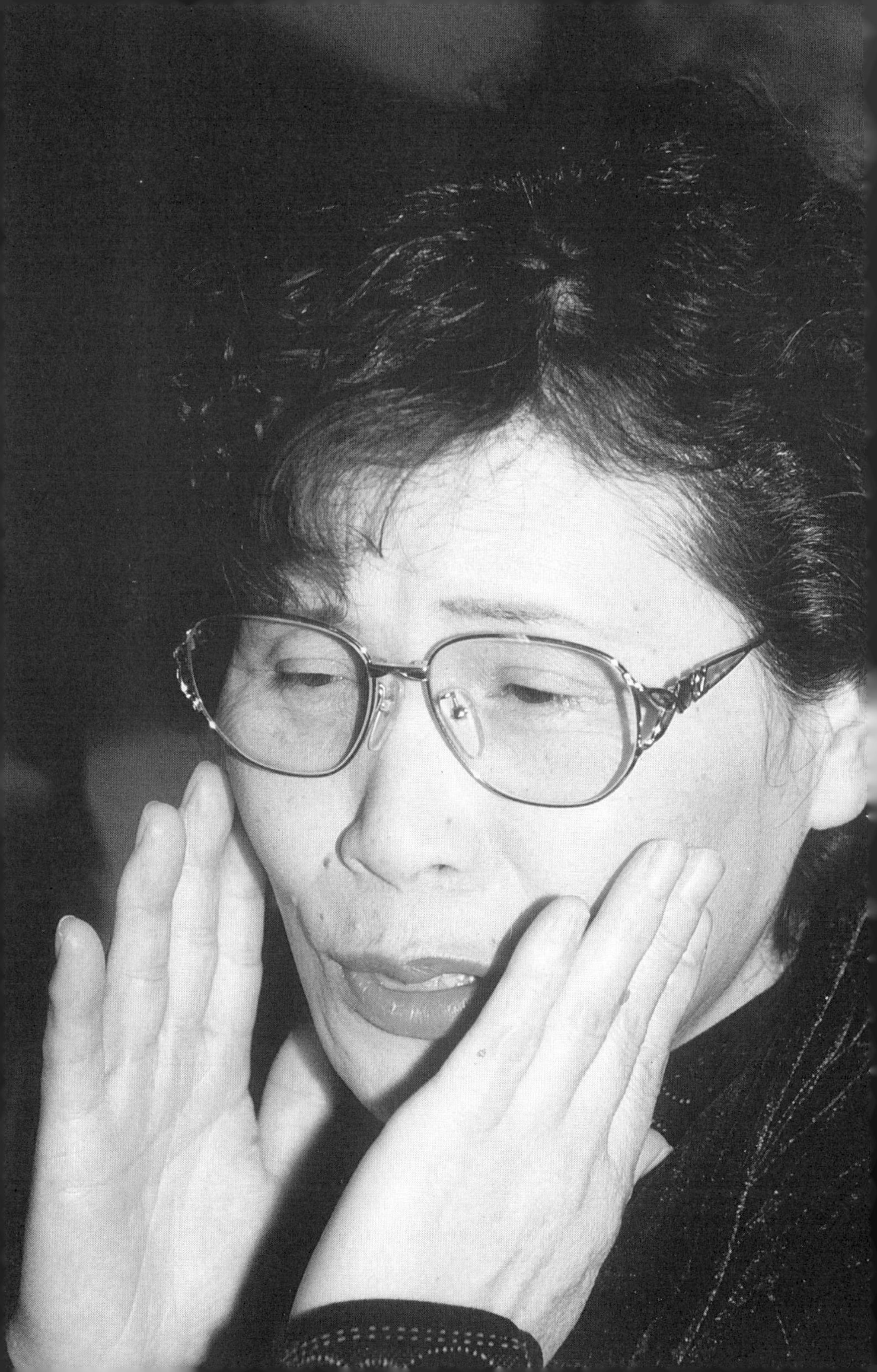

《塩漬けコウタケ入りおにぎり》
コウタケはこのあたりでは、いちばん身近なキノコだ。塩漬けにして食べるのが一般的。細かく刻んだ黒いコウタケが、艶のある真っ白いコシヒカリと混ざりあう。コリコリとした心地よい歯ごたえと、ほかのどのキノコにもない独特の香ばしさが印象的。

《すっぽん鍋》
ユリ子さんの説明によると「高野町《たかのちょう》で養殖されていたすっぽんが逃げ出して、周囲の川に住み着いた」らしい。ゴボウ、ハクサイ、ダイコンといっしょに煮こんであるので、すっぽん特有の匂いはまったく感じない。淡白な味でゼラチン質も豊富。

《手づくりコンニャク》
畑で取れたコンニャクイモでつくった自家製コンニャク。市販のものとは食感がまったくちがう。余計な混ざりものがないせいか、さくさくと噛み切れる。軽く湯通ししてわさび醤油で食べても美味《おい》しいそうだ。

《マツタケの吸い物》

←ユリ子さんの料理の腕前はプロ級

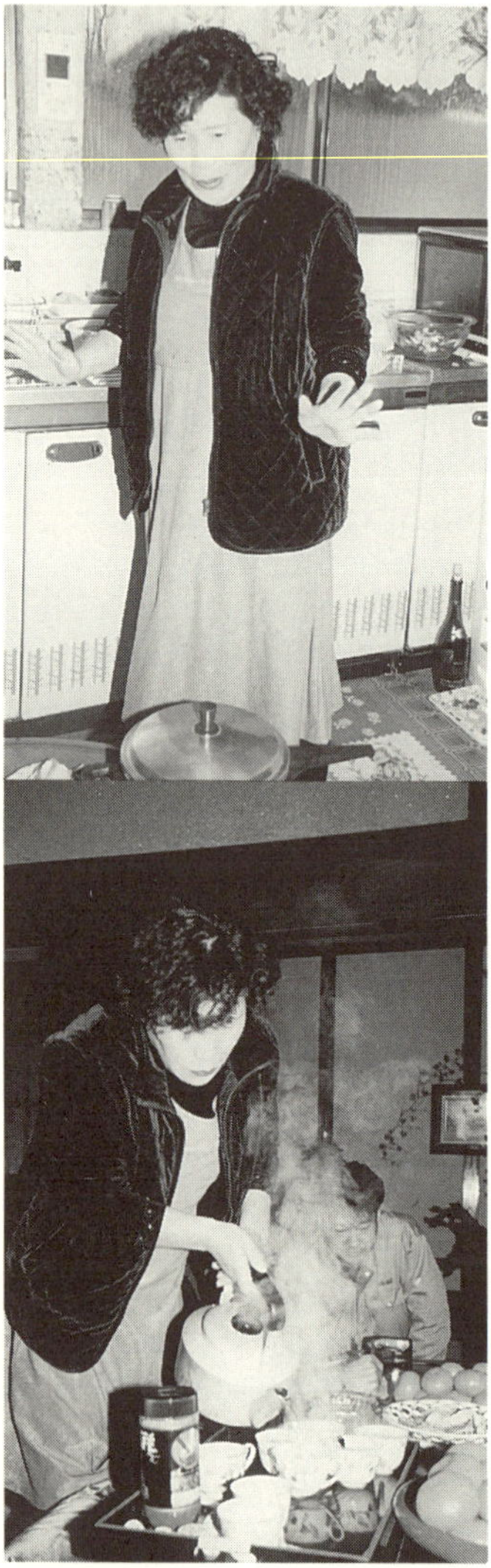

料理をつくり　お客さんをもてなして……おお忙しのユリ子さん

「以前は、秋といえばマツタケがたくさん採れとったんじゃけど、酸性雨や松食い虫による松枯れで、ぐーんと数が減ったんよ。ほんま、残念」

《イノシシの味噌漬け》

ほかの男性作業員方の話のなかに何度も登場してきたイノシシだが、ついにその肉を食べることができた。

「シシの肉は味噌に漬けこんで保存することが多いね。味噌と酒を練って3、4日漬ければ完成。なんと言っても炭火で焼くのが美味《おい》しいよ」

素材がもともと持っている旨みを損なわないように調理するのがユリ子さんのやり方。

「これだけ豊富な天然素材を育んでいる自然を手離すことはしたくない」という。

「まえを流れとる古頃川《こごろ》からもおいしい《恵み》がもらえるんよ。コギ（イワナ）とかアユとか。ホタルのえさになるニラ（カワニナ）は酒のあてに抜群。腎臓にもいいらしいよ」

この古頃川《こごろ》、初夏になると川のほとりをホタルが飛びまわる。

「人工的な光が少ないけえ、夜は真っ暗になるでしょ。そのなかで見るホタルの黄色い光はほんま、きれい。親戚や友だちも、ホタルを見にうちに来たりするんよ。ホタルは川の水がきれいなことが絶対条件。その点、古頃川《こごろ》の水は生活廃水で人間が汚してない清流。もうばっちりな環境ですよ」

最大限に自然を楽しむユリ子さん。もちろん仕事でも手を抜かない。

「一に仕事、2に遊びですね。まず納得いくまで働かないと。3、4がなくて、5に……うーん……遊びかね」

と笑う。山でしっかり働いてこそ、心からその恵みも享受できる、というのが信条だ。

「アサヒビールの森」では甲野村山《こうのむら》がおもな担当。

「山でやることは男の人といっしょだから、体はすごいしんどいです。でも山へ出るからには甘えられん」

体の疲れは温泉で癒《いや》す。雨で仕事に出られないときは、友だちと温泉に行く。

ユリ子さんの趣味　それともご主人？

「近くに君田《きみた》温泉（75ページ参照）っていういい温泉があるんで。温泉で体をしっかりほぐして、気持ちもリフレッシュさせないと。身体で勝負する仕事じゃけんね」

さまざまな恵みを与えてくれる大自然には、きちんとその厳しさも教えられるという。

「林業にしても農業にしても、自然を相手に仕事をすると、３６５日、気を抜けませんよ」

山下《やました》さん夫婦も林業と農業を兼業している。田んぼではコシヒカリと、お酒の原料用の《八反錦２号》というコメをつくっている。

「コメをつくるとき、今度は自然との戦いじゃね。天気に左右されるということと、イノシシに作物をやられることも多いけんね」

とユリ子さんが言うように、一晩のうちにイノシシに田んぼを荒らされたり、山栗やジャガイモなどを食べ尽くされたりする。

「イノシシとカラスは、ほんま頭がいい。ありゃ大学出とるんじゃろうね。田んぼを荒らすときも《八反錦》じゃなくて、ちゃんとコシヒカリの田んぼを選んで食べていくんよ。イノシシ除けの柵をつくったらその下を掘って入ってくるし」

とイノシシには、とにかく手を焼いている。

食べ物に限らず、昔からの自然の恵み、自然の厳しさ、その自然とともに受け継がれてきた知恵や伝統を自分も伝えていきたいという。

「《こぶしの花がたくさん咲くと豊作》とか《むつきの実がたくさんなると不作》とか、地域に伝わる自然の法則がたくさんある。季節ごとの行事も豊富で、自然の神様をとても大事にするんです。昔の人はほんま、なんでもよく知っとってですよ」

現代の情報に埋もれてしまわないよう、経験に則した知恵を自分の子どもにも伝えたいという。

「今日つくった山の幸料理は、親や地域の年輩の方に習ったものよ。地元の味を残していきたいので、わたしも年下の人に教えたりしてますよ。そうした地域のなかでのコミュニケーションが、ここにはありますから」

つぎにチャレンジしたいのは、豆腐づくりと味噌づくりだ。

「あと10年はなんとかアサヒの森でがんばりたいんで、そのあとにでもゆっくり時間をかけてトライしてみます」

話をうかがっているあいだ、終始張りのある表情と生き生きした声で語ってくれた。料理の支度のためにこまめに無駄なく動く姿が、きびきびしている。からだを使う労働現場に身を置いている〝ばしばし感〟が、直截的にこちらに伝わる。

「暑くないかい？ 扇風機かけようね」――ユリ子さんは気配りの人

とにかく存分に働いて、そのうえで自分のための時間を十分に活用したいというユリ子さん。

「暗い話題が多い時代だけど、喜びは自分で見つけていかないとね」

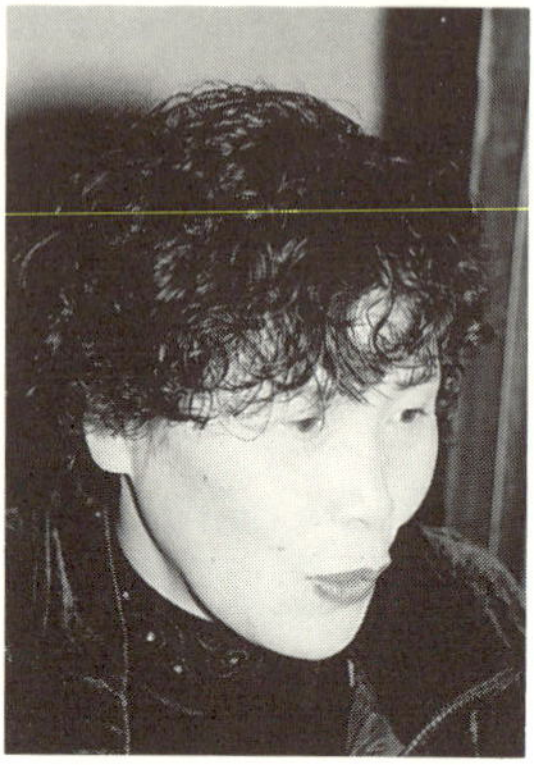

山下ユリ子　やました・ゆりこ（53）
昭和24年11月20日、比和《ひわ》町生まれ
平成元年9月、庄原《しょうばら》林業所入所
甲野村《こうのむら》山担当
比婆《ひば》郡比和《ひわ》町在住

自然に逆らわず、安全がなにより
石川平三《いしかわへいそう》さん

瓶のなかでとぐろを巻くまむし。鼻を突く独特な匂い。
石川《いしかわ》さんのつくるハミ（まむし）焼酎は作業員仲間のあいだでも評判だ。
「山を歩いとって、ふっとハミを見つけると、『あ、銭が落ちとる』と思いますよ」
と、元気に笑う石川《いしかわ》さんの健康の秘訣がこのハミ焼酎。

「ハミの毒は血管に入ると〝毒〟、胃に入ると〝薬〟になるんです」

昔からこのあたりにはハミ焼酎を売る専門店がある。「どうやってつくっとるんじゃろうか」と関心を持つうちに、自分でもつくるようになった。

「まず水の入った一升瓶にハミを入れて3日間置いとくと、糞が出てハミの腹んなかが、きれいんなります。それから35度の焼酎を入れた一升瓶にハミを漬けます。これを1年以上置いとくと、ハミが黄色い毒を吐いて漢方薬のようなハミ焼酎ができるんです。3年置きのハミ焼酎1本が1万から1万5千円になりますね」

独学のハミ焼酎づくりでいちばん苦労したのは、ハミを入れた一升瓶を寝かせる場所だ。気温がさがる冬場はいいが、夏の高温のもとではハミが腐ってしまう。

「暖かいときは、45度ぐらいの焼酎に漬けりゃあ傷まんが、それじゃきつすぎてよう飲まん。ハミを傷めずに1年中低温で保管できる所はないかのう、と考えて思いついたんが土のなかです」

母屋に隣接する蔵とのあいだの屋根。その下の地中1メートルが石川《いしかわ》さんの〝ハミ焼酎蔵〟だ。年間通して5度が保てるという。

「『傷んどるんかの』と思うたら、一升瓶をひっくり返してごらんなさい。細かい泡があがってくるとそりゃ傷んどります」

ハミ焼酎をつくるには、なにはなくともハミがいる。ハミ焼酎づくりの名人石川《いしかわ》さんは、

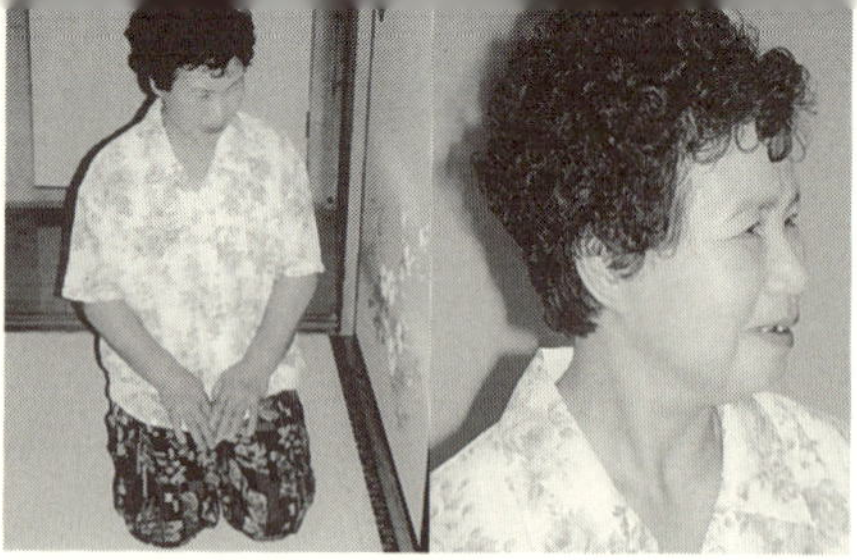

石川《いしかわ》さんの奥さんは
お行儀のいい人だった

当然ハミ獲りの達人でもある。

「木の棒の先に割れ目を入れてハミの首をピッと押さえつける。足で首を押さえて手で掴むこともできるけど、まあ慣れんと危ないですわ。そこで殺すんじゃのうて、飲み物に使うんじゃけえハミにケガをささんように気ぃつけんといけんし」

ひと夏に2、3匹は獲る。熟練の技なのか、ハミに噛まれたことは1度もない。しかし、

「ハミも山の危険のひとつ。甘く見ずに、安全な対処をするほうがええです」と諌める。

この「安全」という言葉。山を語る石川《いしかわ》さんが何度も繰り返し強調する。「《安全》が、山へ入るときにどれだけ大事なことかわかってもらいたい」と言う声は熱っぽく、深い経験に裏打ちされた言葉であることが伝わってくる。「アサヒビールの森」に入って1年10か月と「アサヒビールの森」歴は短いが、石川《いしかわ》さんの安全意識は、それ以前から長い時間をかけて身についたものだ。

平成12年の春、石川《いしかわ》さんは「アサヒビールの森」で働き始めた。60歳までは国の管轄である三次《みよし》営林署へ20数年間勤めていた。材木を伐採し集材機で運び出すのがおもな仕事だった。

「あのあいだにすっかり安全意識を植えつけられましたね」

営林署は安全面の指示がやたらとうるさかった。

「集材機の運転手をしとるあいだに耳をやられてしもうたんです。木を切るのにチェーン

木を選び　チェンソーのエンジンをかけて　しっかり木を倒す方向を決めて　あっというまに　間伐を終え　またつぎの木へ——石川《いしかわ》さんはチェンソー遣いの名手である

石川《いしかわ》さんは　祖先を敬う心を持った人

庭を自ら手入れするのが趣味

ソーを使うでしょう。そのキーンという音で高音障害になってしもうて。今も両耳とも聞こえにくいです」

かかりつけの医者には「治すのは難しい」と言われた。

「普通は鼓膜を守るために現場では耳栓をするんです。けどわたしは集材機の運転をしよったでしょ。斜面の向こうやら、自分が見えん所で荷がけされた木も運ばにゃいけん。そしたら荷がけの人と連携を取らんにゃいけんけえ、耳栓なんかしとられん」

チェーンソーの騒音のなかでも届くように、声ではなく笛で合図を出す。その笛の音を聞き逃さないように耳を澄ます。

「神経を研ぎ澄ますと、チェーンソーの音も耳によう入ってくる。それが鼓膜にいけんかった」

３人いた集材機の運転手のうち、石川《いしかわ》さんだけが高音障害を患った。

「耳から鼻や口へ抜ける管があるでしょう。わたしは人よりそれが細いらしいんです。じゃけえ、みんなが大丈夫な音でも、わたしだけやられてしもうたんです。職業病言うんですかねえ」

チェーンソーは音だけでなく振動でも《白ろう病》という職業病を引き起こす。細かい振動による血管の痙攣《けいれん》で、血液が通いにくくなり、手が蒼白く変化して痺れてしまう。

「わたしは脂性じゃけえ。脂性は白ろう病にはならんのんです。その代わり指の節がゆがんでしもうた」

石川《いしかわ》さんの中指は内側に向かって曲がっている。

「『安全がいちばんじゃ』言うとるわたしも不注意でケガをしたことがあります」

伐採しようとした木に枯れ木がもたれていたが、「大丈夫じゃろう」と作業を進めた。切り倒す木に気を取られていると、枯れ木のほうが自分に向かって倒れてきた。木はヘルメットを滑って、そのまま肩を直撃。

「肩の神経がやられて、関節もつぶれました。広島の大学病院まで行って治療とリハビリをしました。今は肩はあがるけど、上のほうの物を取るとき、自分じゃ気づかんうちに手に力が入らんで落としてしまうこともあります」

自分のこうした経験からも、安全確認の大切さを思い知ったという。

「自然に逆らわんことです。山にケガはつきもんですが、自然に逆ろうて起きたケガと、自分の不注意で起きたケガがあるんです。『このぐらいはええ』という軽々しい気持ちでは仕事をしちゃいけんですよ」

と安全に対しては厳しい姿勢を崩さない。

枝打ちをしている石川《いしかわ》さん

石川《いしかわ》さんは　おみやげにハミの干乾しをくれた

そんな石川《いしかわ》さんが、山仕事をハミ焼酎に例えた話が絶妙だ。

「以前、知りあいがハミ焼酎を1週間で全部空けてしもうたんです。ハミ焼酎は1日に盃1杯が適量。少しずつ飲むのを毎日つづけてこそ効果があるもんなんですがねえ。山もおなじです。毎日少しずつ手入れして、何十年先に『ああ、やっぱりやっといてえかった』と思う結果が出てくるんです。まあ匂いがきついけえ、ハミ焼酎は、10人中8人がよう飲まんですがねえ。そこも山の仕事と似とるんですかね、若い人が継ぎたがらんでしょ」

しかし、現実的に考えると若い人が林業に目を向けないのも当然かもしれない、という。

「アサヒの森のように、大きなスポンサーの援助という形でしか、林業が成り立たなくなっとる。実際の木材の収入面から考えると、後継者を見つけるのは簡単なことじゃない」

と語る石川《いしかわ》さんの話が、林業が置かれた厳しい現状を言い当てている。

石川平三　いしかわ・へいそう（72）
昭和5年2月23日、口和町《くちわちょう》生まれ
平成12年4月、庄原《しょうばら》林業所入所
戸谷《とだに》山・須川《すがわ》山・殿畑《とのはた》山担当
比婆《ひば》郡口和町《くちわちょう》在住

運がようて生き残った梅木富衛《うめきとみえ》さん

布野村《ふのそん》に散在する4つの山を担当する3人の〝森人〟。グループのリーダーを務めていた梅木《うめき》さんは、1年ほどまえにリーダーの座から退いた。

「歳が歳じゃけえ、若い人にまかせたほうがええ思うて」

リーダーを退いた梅木《うめき》さんが75歳、新しくリーダーとなった〝若い人〟廣森《ひろもり》さんが72歳。もうひとりのメンバー岩本《いわもと》さんも、もうすぐ72歳になる。それでも「若い人に」という梅木《うめき》さんの言葉に、不思議と違和感のないことが、林業従事者全体の高齢化を感じさせる。

山での作業の多さを考えると、3人で4つの山に手入れを行き届かせるのは大変なことだ。

「ほかの作業班の人も来て作業されますけえ、大丈夫ですよ。今はこの地区を3人でやっとりますが、入所当時は布野村《ふのそん》だけでも20人越すぐらいおったね。女の人もようけおって、苗づくりなんかをやりよっちゃった」

今、冬のこの時期、山での仕事は大半の時間が枝打ち作業に割かれる。

「枝打ちってなんですか？」

「伸びてきた下枝を切る作業ですよ。ほっとくと木に黒い節ができて、材木にしたときに不

恰好になってしまうし、穴があくこともある。そうなるまえに若枝を打つんです」

山のイロハも知らない素人の質問に、梅木《うめき》さんはひとつひとつ丁寧に答えてくれる。

梅木《うめき》さんが日雇いで「アサヒビールの森」の仕事を始めたのは昭和24年のこと。当時、アサヒビールという社名はまだなく、その前身である「大日本麦酒」という名で呼ばれていた。その年の末に、朝日麦酒株式会社（現アサヒビール株式会社）と日本麦酒株式会社（現サッポロビール株式会社）のふたつに分社された。

「おやじが大日本麦酒の山林管理人をしとってね。昔は《山番《やまばん》》言うとりましたけど、まあ山の管理人みたいなもんです。忙しいときにわたしも仕事を引き受けて山へ入っとったんですよ。じゃけえ、正式に林業所に入るまえに、自然に山の仕事を覚えとったねえ。おやじは会社直属の仕事、わたしは単発で依頼をもろとった」

しかし、はじめから望んで山仕事をしていたわけではなかった。

「まあ仕方ないけえ、山へ出よったんです。と言うのも、わたしが外へ勤めに出るのをおやじが許さんでね、家から出してくれんかったんです」

「布野村《ふのそん》の役場で働かないか」いう知人からの誘いも、〝おやじ〟が反対して断った。

「家にじっとしとるわけにもいかんけえ、まあ山でも出てみようかあ、思うてね。もともと山は嫌いじゃないし、やっぱりずっと山んなかに住んどって愛着があったけえ、すぐ仕事も好きんなりました」

梅木《うめき》さんの家のまわりには　花がいっぱい　ご夫婦で丹精こめて世話をする

山仕事から帰ると梅木《うめき》さんは　家のまえの田んぼを見回って……

長男である梅木《うめき》さんをなかなか手離してくれなかった〝おやじ〟が、一度だけ梅木《うめき》さんを〝外の世界〟に送り出したことがある。

「17歳のときに海軍に志願してね、昭和19年の1月のことです。水兵を養成する大竹海兵団（広島県南西部）へ入りました。水兵さんはかっこええけえ憧れとってねえ。それにどうせ20歳になりゃ徴兵で無理やり連れて行かれるんじゃけ、先に行っとけば同級生が入ってきたときに上におれるでしょうが。そんときはおやじも許してくれましたよ。そのときに勝手を聞いてくれたことがあったけえ、海軍からもどった直後に『外へ働きに出ずに家に残れ』言われたときは『まあ今回は言うこと聞いて家におろう』思うたんです」

「海軍での苦労は？」

家に帰り　縁側でほっとひと息いれる

「そりゃあ全部きつかったですよ」

水泳訓練、カッター訓練、小銃を持っての陸戦訓練もあった。なかでも水泳訓練はきびしかった。

「わたしは山の人間じゃけ、川で行水する程度しか泳いだことがなかったんです。《水兵が泳げん》じゃ笑われるけえ、訓練させられますよね。最低でも10キロは泳がされて。しんどいけえ上官が乗ったボートにしがみついたら、その手をバシッと叩かれる。手を離してまた泳ぐしかない。1月、2月でも『寒中訓練じゃ』いうて毎日泳がされましたわ」

山の男が瀬戸内の海で苦しんだ。樫の棒で尻を思い切り叩かれ、鉄拳制裁を受けもした。

3か月の訓練を終え、潜水艦に搭乗した。

梅木さんの家のまえにはきれいな小川が流れている

「は－06号潜水艦でした」

と、乗っていた艦名が口を突いて出てくる。

「わたしらの艦は兵隊さんを送る輸送船の護衛や先導役。豊後水道を通って中国大陸まで、なんべんも行き来しましたね」

終戦を3か月後に控えた昭和20年5月。「は－06号潜水艦」は輸送船団を従えて豊後水道を航行していた。「敵機だ」と叫ぶ仲間の声と同時に、激しい空爆が始まった。

「わたしらの潜水艦は大砲を積んどらんけえ、もうどうしょうもなくて。ほかの船の兵隊さんが、やられていくのを見ることしかできんかったです。悔しくってねえ」

砲撃の危険にさらされたのはこのときだけではない。大竹《おおたけ》の潜水艦基地から海上へ出るたびに敵機の襲撃に遭った。人間魚雷として、爆弾を積んだひとり乗りの潜水艦で敵艦に突っこみ命を散らした若者も多かった。

「あと2、3か月戦争が長引けば、わたしも人間魚雷を命じられたじゃろうね。若いもんから順に選ばれとったけえ。わたしのまわりの兵隊は、生き残った人のほうが少ないんじゃないかね。わたしはほんま運がようて生き残って、それで今日があるわけです」

終戦時は安堵よりも悔しさが先に立った。軍人精神を植えこまれていたからだという。

「それから2、3年ぶらぶらしとってね。ほんでおやじの言うことを聞いて、役場の仕事を断って地元の山へ働きに出始めたわけです」

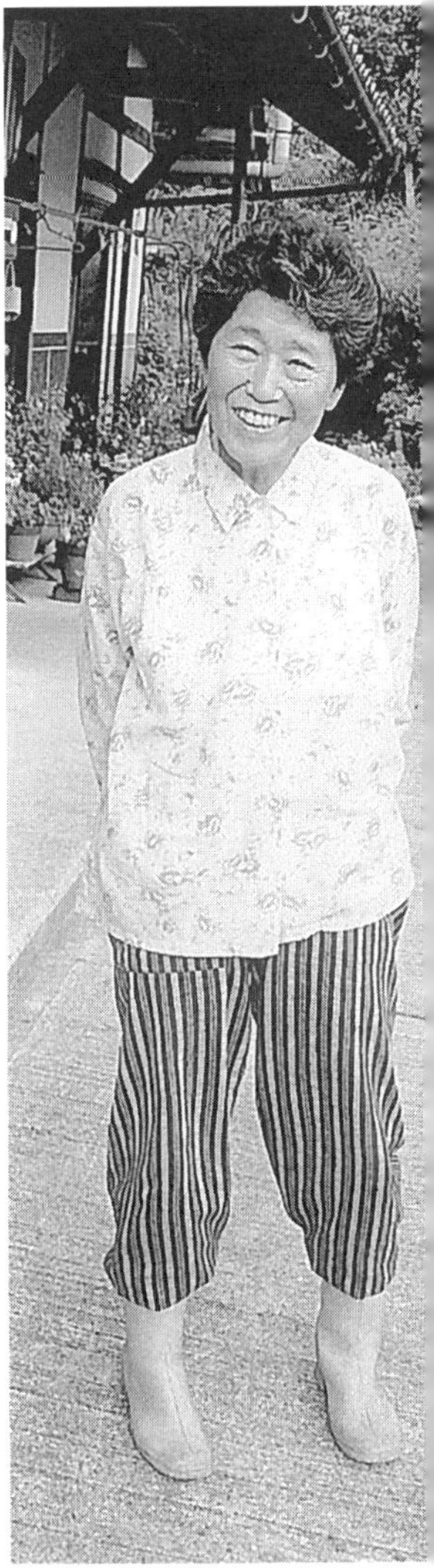
奥さんの弘江《ひろえ》さん

山から海へ。そして海から山へ。体ひとつで立ちまわってきた。「水兵さんがかっこよかったけえ」「山へ働きに出るしか仕方ないけえ」と飄々と語るが、置かれた状況を乗り越えていく強い信念が表情に滲み出ている。その印象を何気なく伝えると、梅木《うめき》さんは、笑って答えた。

「まあ、ただただ運がようて」

奥さんは、そんな梅木《うめき》さんを、そばでひとことも口を挟まないでニコニコと眺めている。

梅木富衛　うめき・とみえ（75）
昭和2年9月1日、布野村《ふのそん》生まれ
昭和44年5月、庄原《しょうばら》林業所入所
赤松《あかまつ》山・灰谷《はいだに》山・女亀《めがみ》山・下赤松《しもあかまつ》山担当
双三《ふたみ》郡布野村《ふのそん》在住

ナバ（キノコ）がある場所は一目でわかる
石田英明《いしだひであき》さん

キノコ採りが好きだったおばあちゃんに連れられ、石田《いしだ》さんは子どものころからいろいろなキノコを採って山を歩いていた。

「気がついたら自分もナバ（キノコ）採りが好きになっとりました。採りに行くのは甲野村《こうのむら》山が多かったけど、ほんまいろんな種類のナバが採れますよ」

マツタケ、コウタケ、シメジ、ネズミタケ、シバカズキ。甲野村《こうのむら》山には実にさまざまなキノコが生えている。

「ナバ採りが好きな人は山に入ってパッとあたりを見渡したら、ナバがどこに生えとるかすぐわかるんです。わたしも経験でわかりますよ」

キノコ採りのシーズンは9月下旬から10月中旬にかけて。ひとシーズンに7、8回はキノコ採りに出かけ、行かない年はないという。去年（2000年）は異常気象で雨が少なく、台風も来ずに暑い日がつづいたため、庄原《しょうばら》近辺の山は例年にないキノコ不作の年だった。

「ようけ生える年は7、8回は行くんですがね、去年の秋は不作じゃったけえ、あまり行かんかった。とは言うても3回は行きましたけどね」

「アサヒビールの森」の仕事がない土日や、雨が降って山仕事へ出られない日などに、ふらっとひとりで出かける。

「ナバのことなら　まかせなさい」と石田《いしだ》さん

「ナバが豊作の年は、仕事の合間にふっとナバのことが気になり始めるんですわ。『明日にでも採りに行こうかのう』ゆうて、そわそわしてしもうてからね」

いちばんよく採れるのはコウタケ。大きいものなら直径30センチのものが採れる。

「でも、ばかでかいのは大味で美味《うま》くない。美味《うま》いのは小ぶりなやつですよ。コーヒーカップぐらいのやつね」

コウタケは塩漬けにして食べることが多い。吊るし干ししたものを雑煮のだしに入れたりもする。しかし、コウタケの数も年々減っているという。

「ナバは基本的にナラやクヌギなんかの広葉樹の森に生えるんじゃけど、今はこのあたりでも広葉樹が減ってきたけえねえ」

「アサヒビールの森」はほとんどがスギ、ヒノキといった針葉樹の造林なのでキノコが生えるところは限られる。

「ほいじゃけえ、仕事中にサボってコウタケを探したりはしとりませんよ」

と笑う石田《いしだ》さん。

石田《いしだ》さんが正式に契約をして「アサヒビールの森」に入ったのは昭和54年のこと。それ以前も日雇いの仕事で山に入っていた。

「パルプが盛んなころは山の仕事も、そこで働く人も多かったですけえね。わたしも中学卒業してすぐ山に出とりました。当時はひとつの山に7〜80人ぐらいが仕事をしとったですよ」

「アサヒビールの森」で働き始めてからは、自宅近くの甲野村《こうのむら》山が仕事場になっている。

「アサヒの森はしっかりと手入れしとるし、林業が衰退しとるなかでも立派な山ですよ。となりが国有林なんじゃけど、一目見て全然ちがうのがわかる。手が入ってないですよ、国有林のほうは」

昔は地元の人が国有林の作業を請け負っていたが、今は国有林に入る作業員はゼロで、ほったらかしの状態にあるという。

「昔は逆じゃったんじゃがね。アサヒの森の山で、一時期手が入れられずに荒れとった山もあったんですよ。国有林のほうはピシッと整備されとりました。20年ぐらいまえからかね、逆転しましたよ」

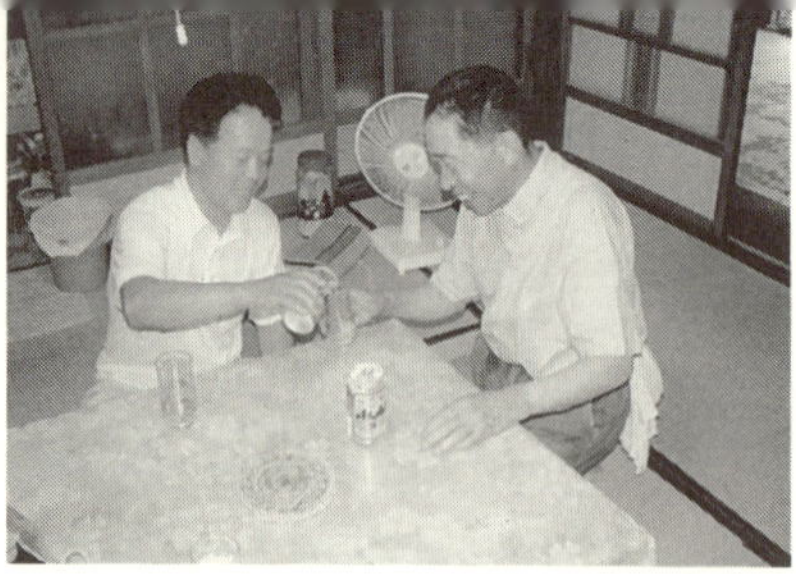

←石田《いしだ》さんの家にやってきた木原《きはら》さん■ひとり暮らしの石田《いしだ》さんはなんでも自分でやる（上）ご自慢のカラオケセット（下）↓

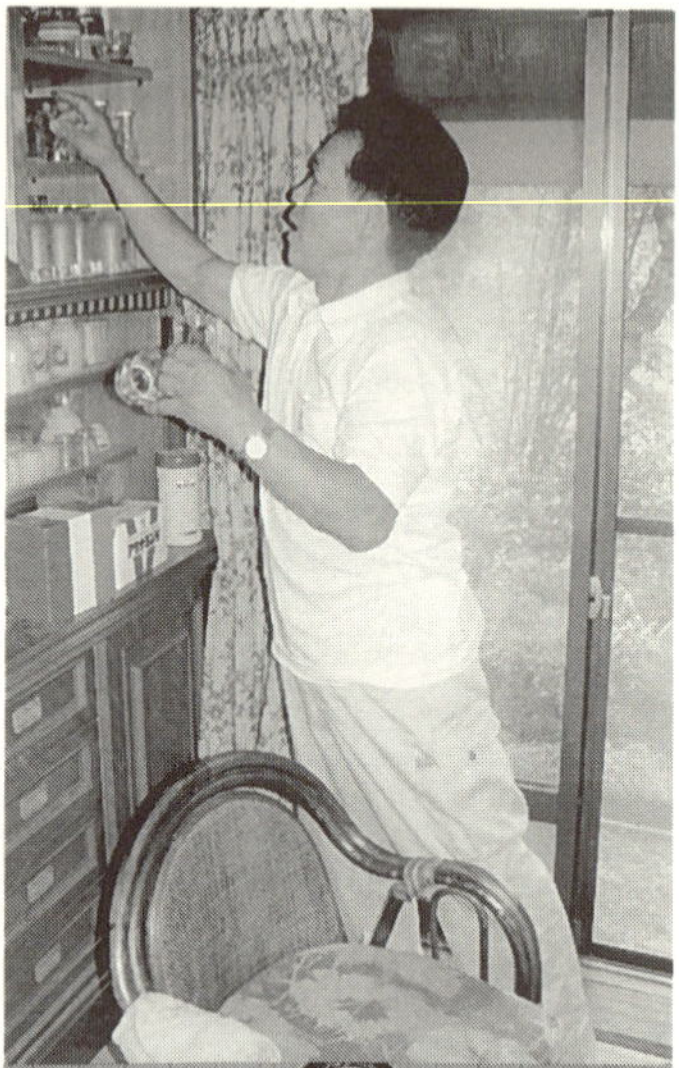

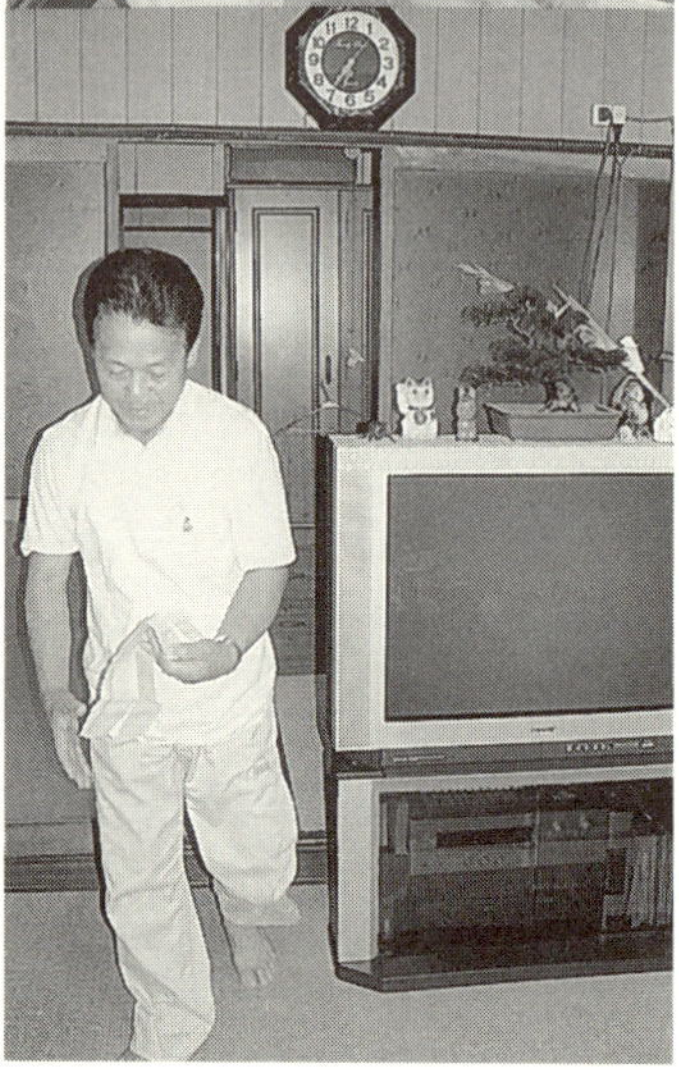

現在石田《いしだ》さんはひとり暮らし。４年まえに奥さんを亡くし、ふたりの娘さんも嫁いだ。昨年、おばあさんと弟さんも、あいついで亡くなった。

「家族がおらんようになって、そりゃもちろん寂しゅうなりましたよ。ほいじゃけ、仲間や近所の人と世間話をしたり、一杯飲んだりするときがすごい楽しいですよ」

普段は外へ飲みに出歩くことはないが、時折作業員仲間と一杯やることもある。カラオケ好きな石田《いしだ》さんの今の十八番は氷川《ひかわ》きよしの『大井追っかけ音次郎』。

「昨日も山下《やました》さん夫婦や近所の人と一緒に、家で飲んで騒いどったんですわ。まだ酒が残っとるかもしれん」

大のビール党だという石田《いしだ》さん。

「大枚はたいて」最近屋根を直した（右）　アサヒの森人の家の倉は　どこも立派だが石田《いしだ》さんの倉も立派（左）

「スーパードライが出るまでは、キリンビールを飲んどりました。こりゃ言っちゃいけんのんかね？　広島はキリンが強いんですよ。ほいじゃが、スーパードライが出てからは、ほかのビールは飲めん。冬でもコタツにあたりながら飲んどります」

今年で「アサヒビールの森」歴も23年目になる。今は、

――「アサヒビールの森」の仕事が自分にはあっているな。

と思う。

「やればやっただけの成果が見えますけえ、張りあいのある仕事ですよ。作業した山がきれいになっとるのを見るのが楽しみなんです」

心をこめて手入れした山。その山に新しい働き手が集まってこないことが気がかりだ。

「アサヒの森がある地域の人に限らんけど、自然に興味がある若もんをいろんな所から招き入れるのが、ええんじゃないですかね。自然のなかで暮らしとったら、だんだんと山仕事にも関心を持てるようになるんじゃないかね。はじめっから『山仕事を受け継ごう』とか言うても、なんのことやらわからんじゃろうけえね」

実際に、もともと比和《ひわ》町に縁もゆかりもなかったサラリーマンが、脱サラ後に住み着いて農業を始めたというケースもあるという。

「農業には目がいくんじゃが、林業のほうにはみなさんなかなか目を向けてんないですよ。わたしらも〝山のよさ〟をうまいこと伝えんといけんねえ」

空気はきれいで、張りあいがあって……。

「それになんと言ってもたくさんのナバに恵まれとりますけえね」

と早くも来年のナバのシーズンを心待ちにする石田《いしだ》さんだった。

石田英明　いしだ・ひであき（68）
昭和9年5月12日、比和《ひわ》町生まれ
昭和54年4月、庄原《しょうばら》林業所入所
甲野村《こうのむら》山担当
比婆《ひば》郡比和《ひわ》町在住

あたりまえのものがダメになっている都会

木《き》原《はら》春《はる》雄《お》さん

大の旅行好きで、北海道《ほっかいどう》から沖縄まで全国各地を歩いてきた。

いちばん印象に残っているのは北海道《ほっかいどう》旅行だ。

「アイヌ部落を訪ねたんです。木でうまく造ってあった家に入れてもろうて、アイヌ料理をごちそうになりました。山菜料理やサケなんかの魚料理がほとんどでしたね。クマの彫刻が置いてあって、『あぁ、これがよう見るやつじゃ』と思いましたよ」

反対に、「いちばんさえんかった」のが沖縄旅行。

自宅の事務所でコーヒーを飲んで　新聞を読んで　予定をチェックして……

「どうも食べ物があわんのんです。とくに魚は北海道《ほっかいどう》で美味《うま》いのを食っとったけえね」

年に1回は作業員仲間と林業所の厚生旅行へ出かける。去年は由布院《ゆふいん》の温泉へ行った。

「楽しかったですよ。ゆっくり温泉につかって、お酒を飲んで。ま、わたしはお酒はグラスー、2杯しか飲めんのですがね」

「酔っ払って歌い出したりとかは？」

「そりゃダメなんです。カラオケはまえからチャレンジしてみよう思うとるんですが、まだよう歌わんです。山下《やました》さんみたいにええ声しとればええんじゃけどね」

と笑う。

木原《きはら》さんは18歳のころから近くの山へ炭焼きの仕事に出たあと、比和《ひわ》町で縫製の仕事をしていた。昭和63年、当時の林業所現場担当の人に「アサヒの仕事をやってくれんか」と誘われ、「まあやってみようか」と山仕事を始めて14年。担当は法仏《ほうぶつ》山。入所当時植えた30センチの苗木は今4、5メートルほどに伸びている。

「山では夏場の作業がやっぱりしんどいですかね。日陰もないところを一日中下刈り作業

なんかすることもありますけえ」

「山にビールを持って行けば気持ちいいかもしれませんね？」

「いやいや、『今日はこれだけの範囲を手入れせんにゃいけん』ゆう意識でやっとるけえ、水ぐらいしか持ちこまんですよ……法仏《ほうぶつ》山じゃひとりで作業をしとりますけえ、休憩するときもひとり。食事もひとり。携帯ラジオを聴きながら、のんびり弁当を食べとります」

法仏《ほうぶつ》山の頂上付近には法仏《ほうぶつ》川の水源地がある。法仏《ほうぶつ》川にはコギ（イワナ）やヤマメが生息し、川の水は「もちろんそのまま飲める」。

きれいな自然のなかで営まれてきた林業も「今は大きな波にぶち当たっとるんじゃないか」と思っている。

木原《きはら》さんの家の裏山に沈む夕日

「終戦後は炭焼きやら、それにともなう林業の発達で比和《ひわ》町近辺の山は『八方から煙立ちのぼる』ゆう感じじゃったんですよ」

しかし、木炭生産の減少、安い輸入資材の大量流入で、材木の需要は急速に低下していった。

それを象徴するような変化が、地元の教育現場でも見られた。県内でも珍しい存在だった《林業科》を設けていた庄原《しょうばら》実業高校も1992年にコースが大幅に再編され、林業科は農業工学科などとともに《環境工学科》と名を変えた。

「《環境》ゆう言葉をよう聞きますが、このあたりじゃ『環境をようしよう』いう考えはあまり持たんもんですよ。きれいですけえね、空気も水も山も。『環境はよくてあたりまえ』ゆう感じで、そもそも意識

木原《きはら》さんの倉には古い民具がいっぱいあった

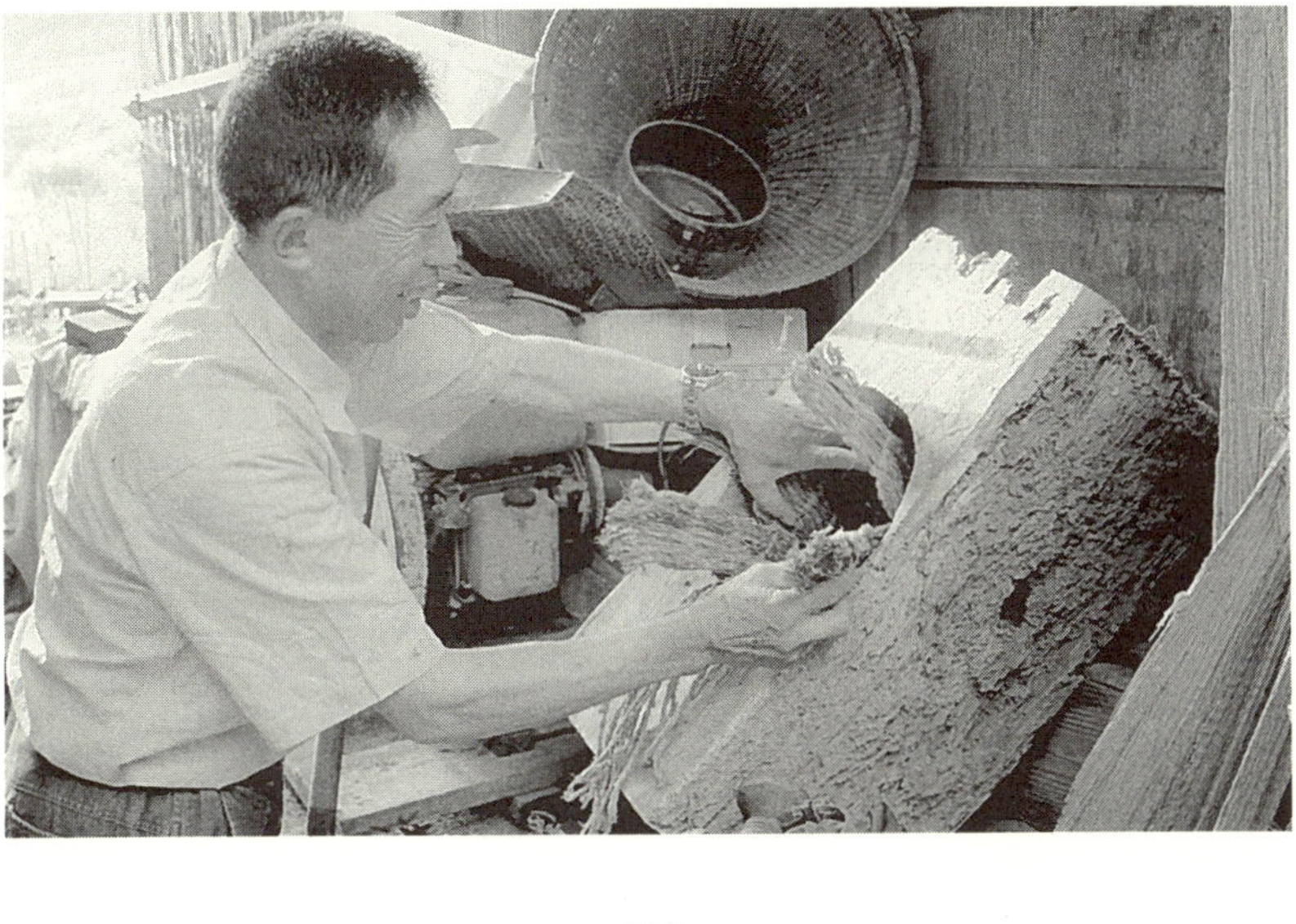

することがないですよ」

「環境保護」などの言葉はどうもピンとこないという。

奥さんの弘子《ひろこ》さんと自宅まえで

「あたりまえのものがどんどんダメになっていっとるのが都会なんでしょうね」

強いてあげれば、近年の花粉症の猛威は「環境が変わったんじゃな」と感じる。

「植林でスギが増えすぎて花粉の量が増えたんじゃろうね。バランスよく生えとったとこを、人工的に変えていったですけえね。それに人間の体質も変わってきたんかもしれません」

今ほとんどの造林はスギかヒノキ。木炭用の広葉樹を切り出したあと、補助金を与えてスギやヒノキの植林を援助した国の政策も、「今考えたらええことじゃなかった」という。

「わたしは慣れっこで、花粉症は関係なく働いとりますが。作業員のなかでも花粉症で苦しんどる人はおってんないですよ」

現在、奥さんの弘子《ひろこ》さん、娘さん夫婦に3人のお孫さんとの7人暮らし。夕食の席では、お孫さんを主役に笑いが絶えない。

「にぎやかなんはええですよね。孫とは一緒に山へ遊びに行ったりもします。春にはフキやワラビを採りに行ったりね。よろこんで遊んどるのを見たらこっちもうれしいです」

改まってお孫さんと山仕事の話をすることはないが、身近な大自然を一緒にしっかりと味わっている。

旅行してまわった全国でもさまざまな自然と接してきた。そのなかでも空気のおいしい比和《ひわ》町近辺の自然は木原《きはら》さんの「健康の源」。

「まあこの〝環境〟のなかで仕事をさせてもらっとるのは幸せなことじゃと思います。これからも自分のペースでしっかりやっていこう思うとります」

木原春雄　きはら・はるお（69）
昭和8年3月5日、比和《ひわ》町生まれ
昭和63年7月、庄原《しょうばら》林業所入所
法仏《ほうぶつ》山担当
比婆《ひば》郡比和《ひわ》町在住

気味がわるくなって猟銃を置いた

岩本《いわもと》　弘《ひろし》さん

はじめは腰かけのつもりだった。

自分の畑でアスパラをつくりつづけながら、「アサヒビールの森」の仕事もこなそうと考えていた。

「ほいじゃが、山へ入っとると愛着が沸いてきてねえ。だんだんとアサヒの森の状況がわかって、こりゃあ立派な山じゃけえ、わしももっとやらんにゃいけん。休みたくないのう、と思うようになったんです」

田んぼとアスパラ畑を徐々に減らし、山仕事のほうに比重を置けるようにした。

しかし入所して2年目に両足の関節がひどく痛み始める。自分でも気づかないうちに力みすぎていた。

「こりゃ山仕事ができんようになってしまうかもしれん」

そう思いながらも、山へ出つづけた。2年間根気よく針治療に通い、なんとか痛みは引いた。

「えらい金も時間も使ってしもうた」

Asahi

熱心に山へ入る岩本《いわもと》さんを、奥さんの美智子《みちこ》さん（66）は、

「あがあにまでせんでもええじゃない」

と気遣う。

「若いもんのためにもするんよ。きちんと手を入れればかならず見返りはあるんじゃけえ」

と答える岩本《いわもと》さん。

「アサヒビールの森」に入るまえは三次《みよし》にある個人所有の山や営林署の仕事をしていた。その事業縮小にともない山仕事を辞めた岩本《いわもと》さんは、「これからは百姓でやっていこう」と思っていた。田畑は広いし、若いときから好きだった畜産と野菜づくりで十分やっていける。

しかし1年目、農作業で奥さんの美智子さんが腰をわるくしてしまう。

岩本《いわもと》さんは　今も牛を飼っている

「これじゃいけん、体を壊してまで働かせちゃいけん、と思いました。それでアサヒビールで使ってほしい、とお願いしたんです」

山仕事でいちばんおもしろいのは、自分の仕事ぶりがあとになって顕著にあらわれることだという。

「間伐や除伐作業のとき、仲間がひやかすんですよ。『よう働いとるかどうか先々、木を見りゃすぐわかるでえ』言うてね。でもほんま、よう手入れした所は木もちゃんと太っとる。そういうのを見るとね、木に親しみが沸いてくるんですよ」

昭和59年まで、岩本《いわもと》さんは猟にも出ていた。昭和42年に狩猟免許を取得して以来17年間、布野村《ふのそん》の山を中心に猟をした。近くの農家の人に「あんたの田んぼも放っといたらイノシシに荒らされるで」と言われ「ほんじゃ、自分で獲っちゃろうかあ」と思い立ってはじめたイノシシ猟だ。

「はじめて山へ猟に入ったときのことは忘れもしません」

山のなかをしばらく歩いていると、突然、斜面の上からドドドーッとイノシシが駆けっておりてくるのが見えた。

「足が震えてからね。そのときは単発の銃じゃったんじゃが、震えながら銃を構えて、バーンと撃ったらなんと一発目で仕留めたんです。『やったー』思うてハッと上を見たら、大きいの小さいのあわせて6頭が、あとからあとから走ってきよるんですよ。ありゃー、どうしょうかいの、思いましたがなんとか3頭まで倒しました」

一緒に猟に来ていたベテランが、残りのイノシシたちも仕留めた。

山で働く岩本《いわもと》さん

「ふっと気づいたら体がぶるぶる震えとった。まあ、それから自信がついてねえ、病みつきになりました」

狩猟免許の取得には、講習受講と筆記試験が課せられる。現在は実地試験も行われているが、当時はまだなかった。

昭和59年の春、岩本《いわもと》さんはぱったりと猟をやめてしまう。仲間から何度も「猟に出よう」と声をかけられたが、その都度断った。

「気味がわるうなったんです。あまりによう弾が当たるんで。やり始めたころはそのへんを歩いとるウサギにも当たらんかったのに、いつからか獲物に吸いこまれるように弾が当たるようになって。山鳥でも『あっ、逃がした』思いながらその場所へ行ってみたら打ち落としとる。まあ、熟練したといえばそれだけのことなんかもしれんけど、なんか気持ちわるうなってしもうてねえ。『もう猟はやめよう』と」

今では「猟に行こう」という声もかからなくなった。

猟師時代、いろいろな山の動物に出会ってきた岩本《いわもと》さん。しかし、3年まえの秋、ツキノワグマに遭遇して以来、ひとりで山へ入るのは恐ろしくなったという。

「朝の7時ごろ、担当の女亀山《めがみ》へひとりで出勤中じゃったです。20メートルぐらい先を真っ黒いクマが横切って行って。たまげましたよ。1メートル50はあったじゃろう思います。体もですが、耳がえらい大きく見えたんをよう覚えとります」

子連れや手負いのクマだと、人を襲う可能性が高い。幸い、そのときのクマは岩本《いわもと》さんを襲うことはなかった。

「それまでは猟師もやっとったし、山を〝恐ろしい〟思うたことはいっぺんもなかったんじゃが、それから恐ろしゅうなって、ひとりじゃ山へよう入らんようんなってしもうた」

1度に7頭のイノシシと格闘した山男も、ツキノワグマにはお手あげだった。

岩本《いわもと》さんがクマと遭遇してから去年、今年と近くの集落でクマの目撃情報が、あいついでいる。注意を呼びかける村の無線放送が頻繁に流れた。同時に「山に食べ物を捨てないでくれ」という放送も流れた。

「酪農家が、牛にやるはずの豆腐かすを腐らして、山へ捨てることがあるらしいんです。それを嗅ぎつけてイノシシやクマが集落のほうへおりてくる、ゆうて聞きました」

「また猟銃を持ってイノシシ退治は？」

「もう猟はせんです。今もイノシシは、ようやっぱり自然薯を食いに来ますよ。穴を掘って食い荒らすけど、かならず3、40センチ、イモを残していく。イモがまた育っていくように考えとるんですわ」

山菜採りなどで山へ入ってくる最近の人は花や山菜を根こそぎ持っていってしまう。

「その点、イノシシのほうが人間より賢いんかもしれんねえ」

アスパラ栽培と兼業で始めるつもりだった「アサヒビールの森」の仕事も、山仕事の魅力に気づいた今では、「これをつぎの若いもんにつなげたい」と考えながらやるようになったという。

「わたしのように歳を取ってからも使うてもろうたことへの恩返しも、これからせんといけんのう、思うとるんです」

岩本《いわもと》さんの家

岩本　弘　いわもと・ひろし（71）
昭和6年12月23日、布野村《ふのそん》生まれ
平成7年10月、庄原《しょうばら》林業所入所
赤松山《あかまつ》・女亀山《めがみ》・灰谷山《はいだに》・下赤松山《しもあかまつ》担当
双三郡《ふたみ》布野村《ふのそん》在住

団体で山を持つのは難しい時代

滝本一登《たきもとかずと》さん

庄原《しょうばら》に限らず全国各地で林業自体が衰退気味であることは、「アサヒビールの森」作業員のだれもが口をそろえて言う。

滝本《たきもと》さんは、森林組合の理事長を務める立場から、「共有林が抱えている問題」について考えている。

平成10年4月にアサヒビールに入るまで、滝本《たきもと》さんは庄原《しょうばら》で木材製品の営業をしていた。

「その会社では実際に山のなかでの作業はしとらんかったけど、以前は比和《ひわ》町で百姓仕事をしとったし、自然相手の仕事はもともと好きでしたよ」

現在「アサヒビールの森」では、福光《ふくみつ》さんとふたりで比和奥《ひわおく》山の管理を担当している。そして理事長を務める《財団法人福田生産森林組合》では、福田地区の人たち40人が共同で所有する山（約125町歩）の維持管理を行っている。財団法人として共有山を所有することの利点は、「部落の方針で山を売りたいときにスムーズに売れることだ」という。

遡《さかのぼ》ること百数十年。ときは明治末期。福田生産森林組合が持っている山は、もともと比和《ひわ》町所有のものだった。しかし、福田集落の人たちにとって、それらの山は生活の場だっ

滝本《たきもと》さんの家のまえを流れる小川

家へのアプローチには立派な石垣が……そのまえの私道を歩く滝本《たきもと》さん　うしろは倉

た。牛の放牧や薪取りのために、日常的に山を使っていた。

「そういうことなら」と、比和《ひわ》町から福田集落の人へ払い下げられたのが大正時代のこと。

「その当時から、個人名義の山を集落が共同で管理するかたち自体はあったんです。ただ、なんの決まりごともない談合決議じゃけえ、ひとりでも反対があったらなにも決められん。何事もスムーズにいかんでしょう」

当初はただの寄りあい所帯になってしまっていた。

共有山の売買となると、かならず「今なら利益があがるから売ろう」「大事な山をむやみに売るな」と意見が分かれる。その調整がうまくいかず、売買の流れが滞ってしまうことがしばしばあった。

「個人株のままだと、ひとりでも『売っちゃ

滝本《たきもと》さんは　コメもつくっている　自宅脇のビニール・ハウスの苗床をチェック

いけん』言うたら、組合の山は売れんかったですけえ」

しかし、15年まえに財団法人化されたことで大きく変わった。

「総会は多数決で決議できるけえ、スムーズに山を売買できるようになりましたよ」

4年まえ、比和町《ひわ》が《残土置き場》に使う山を求めていたときも、多数決で決めて5町歩ほど売却した。

「そのときもいろんな意見があったんじゃけど、組合の方針として『売ったほうがええじゃろう』ということで調整できました」

しかしこの森林組合のように、団体で持つ共有林にとって、とても厳しい時代がきているという。

「アサヒの森もそうかもしれんけど、共有林の管理の方針を決めても実際に山に入って作業をする人がおらん。人手不足のうえに、若い人は『きつい』ゆうて、ますます寄って来んようになっとります」

福田生産森林組合のなかも事態は同様だ。役員会で「この期間内にこれだけの区域を枝打ちする」といった仕事を決めても、組合員のなかにその仕事の受け手がいない。

「定款《ていかん》には『組合の山は組合内で管理しよう』ゆうて謳ってあるんじゃが、今となっちゃあ改正せんといけんでしょうね。人手がないけえゆうて、山をほったらかしにしちゃいけんでしょう。山を残していくなら残していくように、こちらが対処していかんと」

そのひとつ目の対策として昨年、「組合の仕事を外部の作業班へ委託しよう」という決議を出した。組合員個人から集金して作業賃を委託先へ払うという仕組みだ。

「去年も1町（約100アール）ほど枝打ちを外部にやってもらったんです。このほうが現実的なやり方でしょう」

「アサヒビールの森」で担当している比和奥山《ひわおく》は「順調に手入れが進んでいる」という。今の時期は布野村《ふのそん》の灰谷山《はいだに》へ、力仕事や急斜面での作業の応援にかけつける。

「いやあ、気分が若うても体がついていかんこともありますよ。それにこの仕事に就いて日が浅いですけえね、〝若輩者〟は勉強中ですよ」

謙虚にそう話す滝本《たきもと》さんが気がかりなのは、やはり人手の問題だ。

「やっぱりいちばん大きい問題ですね。アサヒの森で今仕事をしとる人が元気なうちに、試

苗木の束が滝本《たきもと》さんの倉庫に　無造作に置いてあった

験的にでも若い人に仕事に参入してもらえればええんですがねえ」

自分たち林業に携わる者も、「きつい、しんどい」という面ばかり強調せず、いい面を若い人に経験してもらうようにしたいという。

「いきなり『山を好きんなれ』言うてもしょうがないけえ、ある程度山の好きな人じゃないとね。それなら、専門職と言われるまで辛抱してつづけられるんじゃないかね。わたしも仕事を何回か変えてきたけど、はじめのひと月は、ほんま苦労だらけですよ。でも、どんな仕事でもそれを専業といえるまでには当然苦労はあるし、いちばんは慣れることですよ。今はどんな作業も機械が入っとるけえ、機械に慣れることが大事じゃね」

滝本《たきもと》さん自身も「山仕事は体がきつい」と感じることもある。しかし、これからも持ちまえの前向きな姿勢でどんどん仕事を覚えていきたいという。

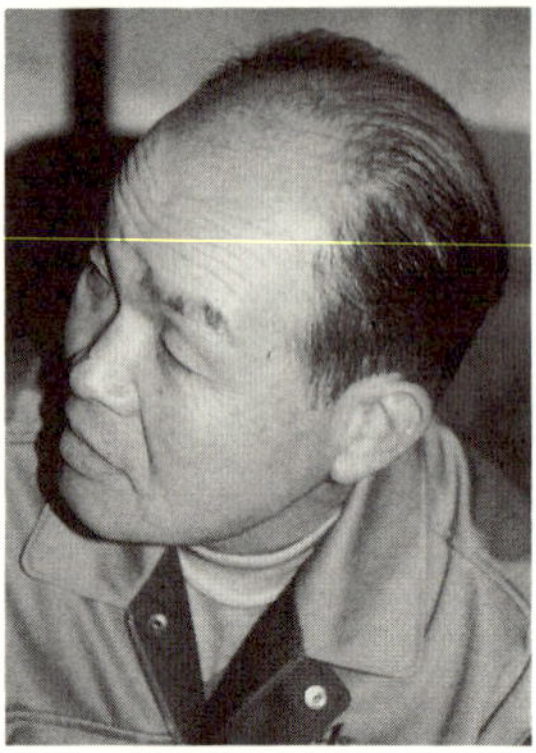

滝本一登　たきもと・かずと（59）
昭和18年7月15日、比和《ひわ》町生まれ
平成10年4月、庄原《しょうばら》林業所入所
比和奥山《ひわおく》担当
比婆《ひば》郡比和《ひわ》町在住

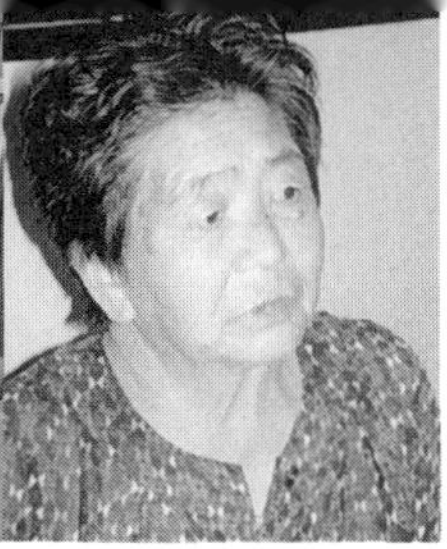

山には〝花〟という楽しみもある
谷山《たにやま》隆雄《たかお》さん

母ひとり　子ひとり……

ヒノキ、アベマキ、スギ、ケヤキ。

――森で主役を張るのは〝木〟ということで異論はない。

タヌキ、イノシシ、ツキノワグマ。

――木の相手役を演じるのは、〝動物〟たちとしよう。

もうひとつ、舞台に彩りを添えるのが〝花〟だ。

この脇役をこよなく愛する森人が谷山《たにやま》さんだ。

「作業の昼休みに歩きまわって、きれいな花を見つけてくるのがわたしの楽しみですね」

自分で時間を見つけては、戸谷《とだに》山や家のまわりの山で花を探す。

「小さいころから山や木は好きじゃったけど、花も大好きでね。アサヒの森に入れてもらうまえ、町に住んどったときも、カーネーションやらシクラメンやら花を買うて帰っちゃあ、育てとったんです。こりゃおふくろの影響なんじゃろうね」

現在同居しているお母さんのチエ子さんも大の花好きだ。

「小さいころ、おふくろが花を育てよるのを近くでずーっと見よって、『ああ、きれいじゃの

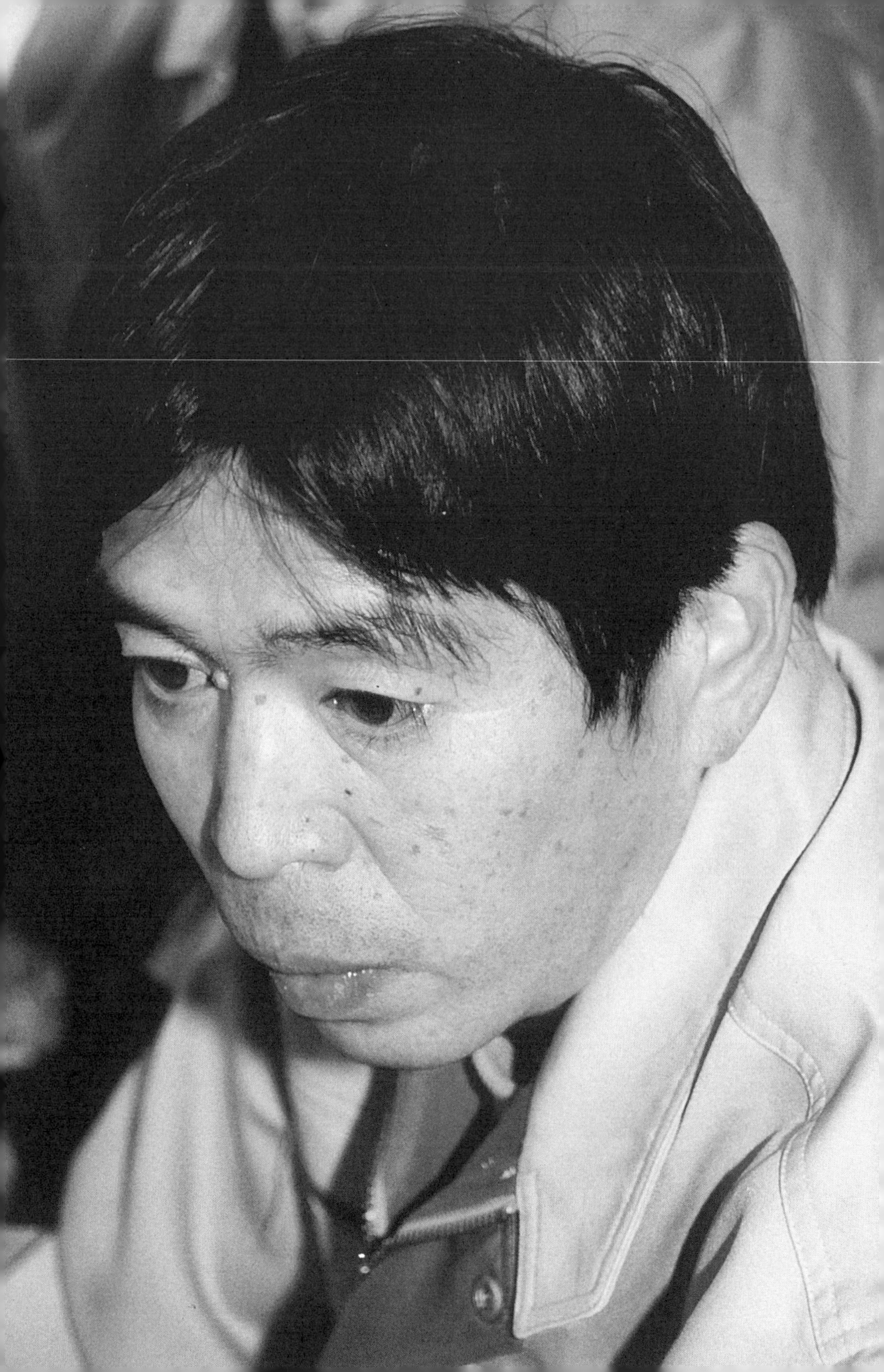

う』と思うとりました。そんときゃ、それがなんの花なんか、さっぱりわからんかったんじゃがね」

最近は、草花だけではなく、自宅で〝花の咲く木〟を育てることに熱中している。家の庭にはフジ棚やモモの木、ツバキなどが並ぶ。冬以外、どの季節も花が咲く。それを、心待ちにしている日々。

担当している戸谷山《とだに》近辺にもモミジやクリの木、樫の木が生えている。

「まず山にあるモミジなんかの枝を、カッターで切り口が斜めになるように切ってきてね、しばらく水に浸けとく。そのあとに土に差し替えて、枝を根づかせるんです」

そうして育ててきた木がうまく太ったり、花をつけたりすると「なんとも言えず気持ちええ」という。

平成12年10月、谷山《たにやま》さんは「アサヒビールの森」で働き始めた。いちばんの若手であり、いちばん「アサヒビールの森」歴が浅い。

「ノコの刃をつけたり、ナタを研いだり、ゼロから勉強中ですわ」

慣れない作業にはじめは恐さも感じた。「それじゃ仕事んならんけえ」と思い、少しずつ経験を重ねている最中だ。

郵便配達の仕事から「アサヒビールの森」に転身という異色組。高校卒業までを生まれ育った口和町《くちわちょう》ですごした。卒業後、大阪にある私立大学の夜間部へ進学し、法律を学んだ。

「学生時代は花どころじゃなかったですわ。昼間、郵便局の仕事をして、夜、学校に行って帰ってきたら12時近うなりよったですけえ。あとは寝るしかなかったです」

大学を卒業後も東大阪市にある郵便局で働きつづけた。

「住んどるところは大阪市内で、ごちゃごちゃしとったけえ、あんまり好きじゃなかった。ほいじゃが、近くに長居《ながい》公園があってね。ようそこへ行って、バラの写真を撮ったりしとりました」

近所に花を摘みに行く場所がなかったので、仕事帰りによく花屋に立ち寄った。カーネーションやシクラメンを買って帰ることが多かった。育て方の難しいシクラメンは、よく枯らしてしまったという。

27年間勤めた郵便局を辞め、口和町《くちわちょう》にもどってから林業所の仕事に就く。門外漢だった山仕事を覚えこむ日々。仕事のない日は気も体もくつろがせて周囲の自然を満喫する。春はワラビ採り、夏は釣り、秋になるとキノコ採りにも出かける。

「小さいころは〝びく〟にいっぱいマツタケが採れよったんじゃが、今は少ないねえ。雑木が減ったし、松枯れもあったけえですかね」

幼少のころに比べ、キノコ全体の量が減ったが、いちばん目立って減ったのがマツタケだという。近年、松食い虫や酸性雨の影響で、マツは明らかに減少した。

「ほいじゃが、今でも『アサヒビールの森』のなかでマツタケが採れるところもあるんです

枝打ち作業中の谷山《たにやま》さん

がね」

数人の作業員の方と一同に会して話していたとき、だれかがこう言った。

「どこなんですか？」

と問いかけると、それまでの談笑から一転、しばらくの沈黙。

だれかが、やんわりと、「……いやあ、マツタケの場所は、だれも教えたがらんのんです」と言ったとき谷山《たにやま》さんは、〝山の掟〟を知った。

「マツタケの話んなるとみんなピタッと口が堅くなるんですよ」

たしかに、だれに聞いても、「山菜の場所はすぐ教えるんじゃが、マツタケはなかなか教えんねえ」と「アサヒビールの森」のみなさんが、口をそろえる。

庄原《しょうばら》林業所の16人の作業員のうち、農業と兼業でなく、専業で林業に携わっているのは谷山《たにやま》さんただひとり。

「農業、もともとやったことがないですけえ。田畑も持っとらんし。自然を相手にする今の山仕事は、自分の気性に合うて好きですよ。郵便局におって山仕事のことは、なんにも知らんかったけど、作業員の方はみんなええ人で、よう教えてくれてです」

谷山《たにやま》さんの作業班はベテラン揃いだ。

「わたしがいちばん最年少なんですが、そりゃ、やっぱり林業には若い人が寄ってこんいうことですかねえ」

「自分の職場へもっと若い人が入ってきてほしいという気持ち、ありますか?」

「自分とおなじ現場へ入ると、逆にやりにくいかもしれませんわ。まだまだ仕事を教えてもらっとる最中じゃけえ、『わしが覚えるまで、もうちいと待ってくれえ』いう感じですよ」

そう笑って答えるが、48歳の自分が最年少だということ自体から、林業従事者の高齢化をひしひしと感じるという。

「肉体労働で大変な面はあるけど、わたしは花という楽しみもありますしね。アサヒの森での生活は好きですよ」

殿畑《とのはた》山での山仕事　休憩中の谷山《たにやま》さん

花の話をするとき、谷山《たにやま》さんは本当に楽しそうな表情を浮かべる。

「仕事をちゃんと覚えてこその話じゃけえ、まず作業を体に覚えこますようにがんばらんといけんです」

谷山隆雄　たにやま・たかお（48）
昭和29年4月26日、口和町《くちわちょう》生まれ
平成12年10月、庄原《しょうばら》林業所入所
戸谷《とだに》山・須川《すがわ》山・殿畑《とのはた》山担当
比婆《ひば》郡口和町《くちわちょう》在住

冬のアサヒの森

ふるさとの山の変わりように驚いた
廣森《ひろもり》　博《ひろむ》さん

「まだまだみんなについていくだけで精一杯です。迷惑かけんように、がんばってやっとりますが」

入所4年目、「アサヒビールの森」歴が比較的短い廣森《ひろもり》さんは言う。68歳という決して若いとは言えない年齢で林業所の仕事に就き、作業を体に覚えこますのに時間がかかっているのか、と思った。しかし、話を聞いているうちに、〝ついていくだけで精一杯〟なのが、決して林業所での日数が浅いからというだけではないことがわかった。

廣森《ひろもり》さんは、昭和41年まで「アサヒビールの森」の山のひとつである赤松山《あかまつやま》で炭焼きの仕事をしていた。炭焼きの従事者は一般に《焼き子》と呼ばれた。

「昭和40年代からだんだん木炭も売れんようになったですけえ、炭焼きの仕事も成り立たんようになりましたね」

炭焼きの仕事をやめ、電車の枕木を削る仕事に就いた。

その後、広島へひと冬のみの出稼ぎに出る。マツダの自動車部品をつくる仕事だった。当時マツダはルーチェを売り出し、売上を伸ばしていた。オート三輪も生産されていたころだ。自動車景気に乗って、職場にはさまざまな地方からの出稼ぎ労働者がいた。「彼らが車をうまく乗りこなしとるんを見て、『自分も免許を取ろう』と思いましたよ」

仲間の仕事ぶりに刺激を受け、出稼ぎを終えてもどった地元で免許を取得する。

それから森林組合で材木の切り出しなどをしたあと、「車の修理を覚えよう」と思い立ち、布野《ふの》の自動車修理工場で働いた。

ひとつひとつの仕事を着実にこなし、技術を身につけてきた。

しかし、昭和63年の夏、予期せぬ事故が起こる。

家のまわりの草刈りをしていた廣森《ひろもり》さんは、イノシシ除けの金網が雪の重みで倒れているのを見つけた。田んぼのあぜ道で足場はわるい。草刈り機のエンジンを切って、金網を起こしにかかったとき、足を滑らし体がよろけた。エンジンを切ったはずの草刈り機の刃が完全に止まっておらず、廣森《ひろもり》さんの手に触れた。

「その瞬間は、『痛っ』と思っただけじゃったけど、また金網を起こそうとしたら、左手に力が入らんのんです」

見ると、魚の腹を割いたように、真っ赤な身が剥き出しになっていた。溢れ出る血は止まらない。救急車で病院に運ばれ、手術のため麻酔をかけられた。「手首から先を切断せんといけん」という医者の言葉を朦朧《もうろう》とする意識のなかで聞いていた。

――もう仕事はできない。

そう思った。麻酔から覚め、左手を見て「まだついとる」と思った。あとになって知ったことだが、妹と妹婿《むこ》が、「仮にこの先、手を切断せんといけんようになるにしても、今だけでもつないどいてください」と医師に必死に食いさがったのだった。

田んぼのイノシシよけの柵の電線の手入れをしている廣森《ひろもり》さん

　手首を走る2本の血管のうち1本は切れた。

「いつ血が詰まって、左手を切断しなければいけなくなるかわからない」――医者にはそう言われている。今でも血管はまともにつながっていない。

「それから2、3年は不安を抱えたままじゃったです。切断はされんかったけど、仕事に不自由することは、わかっとるわけじゃし。しばらくはゴロリゴロリしとったです。いろんなことが不安じゃったですよ」

　しばらくして三次《みよし》の水道工事会社に勤め始める。

「冬になると手がにがってねえ。水仕事すると、もうしびれ返るんです。5年ほど勤めたあ

廣森《ひろもり》さんの家

廣森《ひろもり》さんは鳥を飼うのが趣味

と、ガソリンスタンドで働きました。アサヒに入所したのは平成10年です。家のすぐ奥がアサヒの山じゃったけえ、若いころからその山のことはよう知っとりました。梅木《うめき》さんに頼んで林業所に話をしてもらって、入所したんです」

炭焼きをしていたころから30年ぶりにふるさとの山に入った。その変わりように廣森《ひろもり》さんは驚いた。

「ほんまびっくりしましたよ。山が変わっとったですけえ。丁寧に植林がされて、作業道もしっかりついとる。わたしは炭焼きで切り出ししとったころしか知らんかったけえ、そのあとにこれだけのもんをやられちゃったんじゃのう、思うて。当時はほんま道もわるかったですけえねえ」

30年のあいだに山を立派に整備した先輩たちの苦労を思うと、頭がさがる思いだという。

「ＦＳＣ認証を受けてからいろんな人が来られて『アサヒの森はええ森じゃ』言うてくれてですが、今の森を知っとっても昔の森のことも知らんと、そのよさもちゃんとわからんのんじゃないかのう、と思います」

「アサヒビールの森」で働いて4年。あらためて自然の法則を教えられたような気がしている。

「木は1年や2年で結果が出るもんじゃない。30年ぶりにおなじ山へ入って、それを目の当たりにしましたけえ。あとは、このええ森をずっと先にも残していきたい思いますね。ほいじゃけ、後継者がおらんいうのは気がかりです。せっかくのいい木が作業時期の遅れでダメになっていくのを見るとがっかりします」

廣森《ひろもり》さんは、「今はひどく不便を感じることは少ないですよ」とさりげなく語るが、左手は今もしびれる。右手を使いすぎることで、今度は右手の肘や肩も痛み始めた。夜中に痛さで目が覚めることもしばしばだ。

「いろんな仕事を経験しましたが、自然相手に働ける今の職場は気持ちええ。じゃけえ、体が元気な限りは山の仕事をがんばってやりたいんですよ」

と目を輝かせて話す廣森《ひろもり》さん。

母屋の横にある倉庫には、以前使っていた山仕事の道具が大切にしまってある。

廣森《ひろもり》さんの家にも昔の山の道具は　いっぱい眠っている

「これでいっしょに苦労して、儲けさせてもろうたんじゃけ、粗末にはできんですよ」

昨年、久しぶりに道具を引っぱり出して手入れもした。

「1日2日でも山で仕事してみりゃあ、山のすばらしさが少しはわかる思います。けがのひとつやふたつはみんなしとってじゃけえ」

廣森《ひろもり》さん自身が語った以上に、実際には、左手が不自由なことで、いろんな不便があるのだろう。でも、そのことを脇に置いて、廣森《ひろもり》さんは、山の魅力とそこで働く幸せをたんたんと語った。

「アサヒビールの森人たち」に幸あれ！

廣森　博　ひろもり・ひろむ（72）
昭和5年6月25日、布野村《ふのそん》生まれ
平成10年3月、庄原《しょうばら》林業所入所
赤松山《あかまつ》・灰谷山《はいだに》・女亀山《めがみ》・下赤松山《しもあかまつ》担当
双三郡《ふたみ》布野村《ふのそん》在住

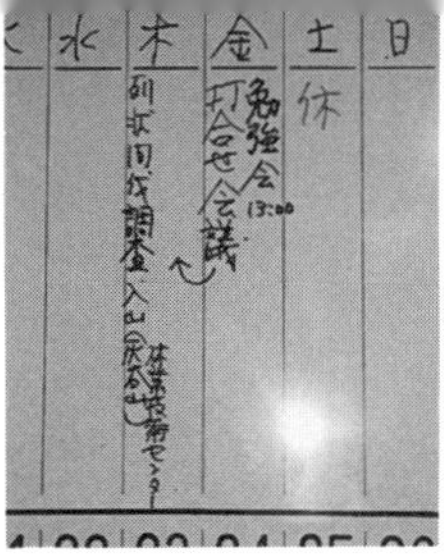

「アサヒビールの森人たち」裏方編

「アサヒビールの森」を支えているのは現場の作業員だけではない。目立ちはしないが、内側からその活動をしっかり管理している裏方の存在があってこそ林業所は機能する。

独立心旺盛な心強い裏方　吉原《よしはら》岸子《きしこ》さん（庄原《しょうばら》林業所事務担当）

「現場の山へも行ってみたいんですけど、なかなかむずかしいです。事務所は人数が少ないもんで、留守番がわたしの役目」

入所9年目、林業所の事務の核となる吉原《よしはら》さん。事務所に出入りする4人のなかの紅一点。

「以前はもうひとり事務の男性がおられたんですが、転勤になって。それからほとんど外へ出られないですね」

備後庄原《びんごしょうばら》駅から歩いて5分。庄原《しょうばら》林業所は町の中心部にあるが、目立った外観ではなく、まえを通っても見すごしてしまいそうになる。

「森林認証があってから、いろいろ取材の方が来られました。おかげで色んな人に知ってもらえましたが、やっぱり『庄原《しょうばら》にアサヒビールの事務所があったんかあ』とはじめて知られる人の方が多いですね」

吉原《よしはら》さんは正式には嘱託社員。基本的には朝8時半から夕方5時の勤務だ。

「帰ったら主婦をしてます。少しまえまで5人家族だったんですが、息子ふたりは就職したし、今年娘が大学に入って京都のほうへ出ていったんで、主婦業はぐっと楽んなりました」

多いときには4世代8人家族だったこともある。現在家にいるのは3人で、「テーブルのはしっこで食事するときはちょっと寂しい気もします」と笑いながら話す。

今住んでいる庄原《しょうばら》市一木町《ひとつぎちょう》はコメづくりが盛んで、複数農家で共同作業する「営農集団」を全国ではじめて始めたところ。

「今はコメづくりだけじゃやっていけないからみんな外へ働きに出て、副業としてコメをつくってるんです。若い人が少ないですからね、庄原《しょうばら》は。うちの子どもも外へ出てますが……

…。『家のことはちゃんと考えとるけえ』言うてますが、これぱっかりはどうなるんかわかりませんね」

出身地の広島県山県《やまがた》郡戸河内《とごうち》町は、国の名勝にも指定されている三段峡《さんだんきょう》など自然豊かな町だ。スキー場をいくつもかかえるほど雪深い地域でもある。12歳のときに降った大雪は3メートル近くも積もった。

「どの家も2階から出入りしてね。お宮の鳥居をまたいで通ったのを覚えてます」

救援物資を運ぶヘリやブルドーザーまで出動する〝大事件〟だったが、子ども心には〝なんかうれしい〟ような気持ちが湧いた。

「そんな具合に雪は多いし交通の便がわるかったんで、中学から寮生活でした。高校は野球で有名な広島商業へ入ったから、広島市内にアパートを借りて通ってました。だから親と生活したのは小学校卒業するまでのあいだだけ」

実家ですごせる休みを終えた日、トラックの荷台に20人ばかり乗りこみ、七輪で暖をとりながら中学の寮へもどったことを、今もときどき思い出す。

自然に身についた独立心。結婚後に庄原《しょうばら》へやってきてからも、さびしいという気持ちはまったくなかった。

「まえは、伝票記入から計算から、経理の流れ全部を自分の手でやってました。商業高校出身だから、そろばん使ったりして。今は全部パソコンですんでしまうでしょ。効率はいいけど、なんていうか、仕事の手触りがなくなったのはさびしいですね」

山も事務所も、当然のごとく機械化が進む。

現場の人たちと顔をあわすのは、２か月に１度林業所で開かれる勉強会や打ちあわせの会合のとき。みんなで出かける年１回の社員旅行がメインイベントだ。

「去年は湯布院《ゆふいん》へ行きました。泊まりで外へ出られない人もいるので、１年ごとに日帰りと泊まりを交互にしてます。今年は浜田へ行こうかな、と話してます」

秋には近くの上野《うえの》公園へ行って、ゴミ拾いのボランティアに参加する。

「みなさん出席がいいですよ。そのあとに軽く一杯やるんで、そのせいですかね」と笑ったあと、「わたしはこの事務所できちんと自分の仕事をすることで、アサヒの森に貢献しようと思います」と話を締めくくった。

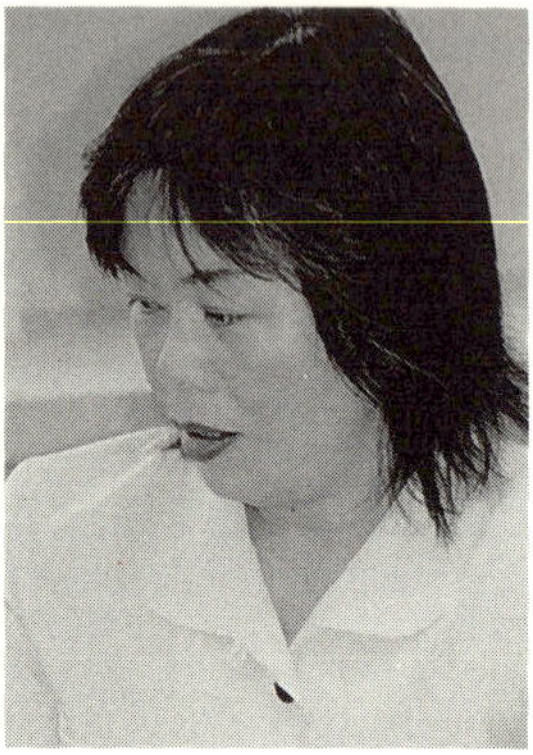

吉原岸子　よしはら・きしこ（51）
昭和26年10月31日、山県《やまがた》郡戸河内町《とごうちちょう》生まれ
平成6年、庄原《しょうばら》林業所入所
庄原《しょうばら》市一木町《ひとつぎちょう》在住

つぎの世代の林業所を背負って立つ

田盛《たもり》一男《かずお》さん（庄原《しょうばら》林業所副主任）

「いやあ、緊張しましたよ。まえのほうはえらい人ばっかりがドカンと座っとってから」

今年の2月、アサヒビール本社で200人近くの聴衆をまえに庄原《しょうばら》林業所の活動を紹介した。

「ビール会社のなかの林業所いうことで、あまりその実態を知らん人も多かったけえ、わしの話も少しはおもしろかったんじゃないかの、思います。自分も、林業所に入るまではアサヒビールが森を持っとることも、庄原《しょうばら》に事務所があることも知らんかったけえね」

本社での大舞台を振り返って笑う。

平成2年の春先、田盛《たもり》さんは通っていた高校で見つけた林業所の求人募集に応募。その年4月、林業所に入所した。

最年少、しかも、現場の人たちはぐんと年上で人生の大先輩たちばかり。

「はじめの2、3年はしんどかったですね。仕事の要領がまったくわからんかったし、半年すぎたころに、『はあ辞めようかあ』思ったこともあります」

現在は、山での作業計画を練ったり、予算の段取り、給与の管理などの業務を担当している。

作業員の方の家を回り（下　脇坂さん宅）……現場の山をまわり（左）……ときには　宴席に顔を出して……（次ページ上段写真）

月に一度作業員の方の家をまわって打ちあわせ。その間に現場の山を見てまわる。

「みなさんにいろいろ教えてもらいましたよ。今もまだまだ勉強中じゃけど」

田盛《たもり》さんの生まれは比婆《ひば》郡の東城《とうじょう》町。庄原《しょうばら》市の北西に位置し、島根・岡山と県境を接する人口一万7700人強の町だ。中学までを東城《とうじょう》町ですごす。

「高校は庄原《しょうばら》実業高校の林業科に通うとったけど、最初から林業の仕事に就こう思うとったわけじゃないんです」

父親はコンピューター関連の仕事に携わり、電子部品を扱っていた。田盛《たもり》さんも林業とはちがった分野の仕事をしようと考えていた。

「まあ、どこでどう転ぶかわからんですけえ。以前に比べりゃ仕事も覚えて、だいぶ満足で

きることも多くなってきました」

入所12年目。肩の力もうまく抜け始めた。笑いながら言う。

「それにしてもここ2、3年で、本社の人を含めて、山を訪れるひとが急に増えました。とくに最近はようけ人が来てくれてですけえ、知らん人が見たら『ん？　なんの観光地じゃ？』ゆうて思うんじゃないですかね……アサヒの森は80年が伐期じゃけど、切り出しても売れんもんはどんどん伐期が延びていってしもうとります。せっかくまえの人たちが守ってきた森なんじゃけ、もっと有効に活用したいです。今は本社の援助の下でやらせてもろうとりますけえ。でも、新しいやりかたを考えて、林業所独自でも収入が得られるようになりゃいちばんええと思います」

田盛《たもり》さんの入所以来、若手の人は入っていない。しばらく、〝最年少〟の奮闘はつづく。

田盛一男　たもり・かずお（30）
昭和47年3月5日、比婆《ひば》郡東城《とうじょう》町生まれ
平成2年4月、庄原《しょうばら》林業所入所
比婆《ひば》郡東城《とうじょう》町在住

吾妻橋《あづまばし》の森番日誌

秋葉《あきば》 哲《さとし》

以前、山歩きをよくやっていた。日本百名山をいくつか登ったし、関東の名山にも登った。ルートやスケジュールが〝お決まり〟の山行だった。そのせいか、まわりの景色や匂いなどもあまり心のひだに入ってこなかった。汗と労働実感というのか、その複合した達成感みたいなものを喜んでいた。

ところが、庄原《しょうばら》林業所の山々と接するようになって、気持ちに変化が起きた。今の景観をつくるまでの過程を知れば知るほど、「少し立ち止まって風景を堪能したい」とか「まわり道をしたい」とかいう気持ちが高まってきたような気がする。

また、日本の森はもともと薪炭林が多く、人と森が一緒に暮らすことで森が守られてきたということを知ったのも「庄原《しょうばら》の森　吾妻橋《あづまばし》の森番」になってからである。人びとは森から必要な材や落ち葉を拾ってきて、農業などにも役立てていたことも、人が入ることで森も林層などが明るくなり生物多様性が高まっていたことも以前は知らなかった。自然が人間に与える影響について、深く洞察することもなかった。

私は、現在1か月に1回の割合で「庄原《しょうばら》の森」に行っているが、少しずつ、かつ「なんとなく」ではあるが、〝わかってきた〟ような気がしている。

森との出会い

「庄原《しょうばら》林業所がFSC認証を取るので君が担当してくれ！」と直属の上司から言われたのは、私が環境社会貢献部に着任してから日も浅い平成12年の10月だった。私は平成元年の入社でおよそ10年間は工場の総務とIT関連の仕事をしていたので、庄原《しょうばら》というのは名前だけは知っていた。でも、どこにあるのか、そこでわが社がなにをやっているのか、くわしいことは、なにも知らなかった。

当時の部長が、「とりあえず一緒に現地に行ってみよう」と言ってくれたので、11月に現地初訪問。

広島駅からさらに電車で1時間30分ほどで「備後《びんご》庄原《しょうばら》」駅についた……寒いこと寒いこと、東京《とうきょう》のほうがまだ暖かいという感じ。私のなかには、広島県は高

校野球がとても強いので、「野球が強い」イコール「暑い県」というイメージがあったのでビックリ。なんと、庄原《しょうばら》の近くにはスキー場があり、12月から3月までは雪が積もっているとのこと。

　最初の林業所の感想。

　町中にあったので、ちょっと〝拍子抜け〟といった感じ――私のイメージは、当然、山の中腹にあって、ログハウスかなにかでできていて、そばに製材所があって機械音がうなっているというものだった。

　林業所では所長の藤川《ふじかわ》さんが暖かく迎えてくれた。

その日は藤川《ふじかわ》さんと一緒に庄原《しょうばら》林業所の代表的な山である戸谷《とだに》山と赤松《あかまつ》山に行った。戸谷山には、当社の歴代の社長の記念樹があるとのこと。見晴らしがよく絶景だった。ただし、雪が15センチくらい積もっていてスーツ姿と革靴で雪道を歩くと、もう足が冷たくて冷たくて……。

　次に行った赤松《あかまつ》山は、昔アサヒビールのコマーシャルで撮影された山。山に入った瞬間、「リン」というか「シン」というか、そういう音のない音がするという荘厳な雰囲気がそこにあった（「リン＝林」・「シン＝森」

というシャレではないが……)。
25年生から30年生くらいのスギやヒノキが生い茂っていた。すべての樹木がまっすぐ空に向かってのびていて……空の青と林床の雪の白と針葉樹の深緑がきれいなコントラストを醸し出していた。

コルクの原料として植林したアベマキもあった。落葉広葉樹なので、冬のその日、すべての葉は落ちていた。落ち葉が幾重にも堆積されていて、歩くとザクザクしてちょっとしたクッションになっていた。森のなかの生物がこのクッションのなかで育っているのかな、と足裏の感覚で感じた。

FSCってなんだろう

みなさんはFSC森林認証って知っていますか？
まだ日本では4例しかない（**『あとがき対談』263ページ参照**）のだが、国際的にはいちばん認証林面積が大きい森林認証制度。

FSC（Forest Stewardship Council＝森林管理協議会）は1993年に、WWFなどの環境団体や木材を扱う企業、地域社会のグループ（先住民団体など）が共同で設立した独立団体（非営利組織）である。ISO14001（環境マネジメントシステム規格）の国際標準化機構（ISO）と並ぶ世界的な組織である。

FSCは、「森林環境を破壊しない」、「地域社会の利益となる」、「経済的にも継続が可能」な森林を認証する――持続可能な方法で管理された森林に、独立した第三者機関が、言ってみれば、「お墨つきを与える」のが、「FSC認証」。すでに世界30か国、約1800万ヘクタールの森が認証を受けている。

FSC認証では、このような森林を認証するとともに、そのような森林から生産される木材の加工・流通についても認証を行う（COC認証という）。ヨーロッパなどではかなり進んでいてロゴマークのついた製品を積極的に購入するグリーン・コンシューマーが数多くあげられている。ちなみに、庄原《しょうばら》林業所は森林管理の認証だけしか取得していないので、ロゴマークのついた木材は搬出できない。

FSC認証への道

FSC認証への道は短く（キックオフから11か月という短期間で取得した）、厳しかった。まず「FSCの原則と規準」の理解から入らなければならず、私も

FSCはおろか、林業などは未経験なのでまったく助言もできない状態だった。そこで、FSC審査の日本代理店などからレクチャーをしてもらい、なんとかついていったありさまだった。

3月のはじめに米国の今回の本審査を行うSCS社の副社長、ロバード・J・リュービス氏が庄原《しょうばら》を訪れ、予備審査を行った。予備審査は本審査まえに事前対策として簡易的に審査してもらうもの。

あいにく当日は、この季節にしては珍しい豪雪で、山のなかは、約50センチ程度の積雪だった。ロバート氏は、間伐状況や雪で見づらい林道や林床を熱心にチェックしていた。ロバート氏は、かなり積もった上り坂の雪道を大またでザクザクと歩いていった。さすが世界中の森林の審査を行うだけあって、身体も大きいがその体力も凄まじい。私は寒さと疲労で息絶え絶えの状態だった。

豪雪のなかのかなりハードな予備審査の結果、大きな指摘ポイントはなく、ほぼこのまま本番に臨んでも大丈夫であるというレポートをもらってひと安心――認証に向け、日の光が差したようで寒さも吹き飛んだ瞬間だった。

その後7月には本審査が行われた。この本審査は日本人3名の専門家が行った。いずれも森林生態、林業経営などの先生で、私としては専門用語がわからず、苦労の連続だった。しかし、所長の藤川《ふじかわ》さんは結構自身満々で淡々と対応をしていて、やはり入社して以来、きちんと日々の施業を怠らず行ってきた自信なんだな、と尊敬した。

本審査の日は雪は降らなかった。かなり厳しいご指摘も受けたが、無事9月に認証を取得することができた。やれやれ、というのが正直な気持ち。

これからのアサヒの森

FSC認証を取得したが、これがゴールではないと所長をはじめ私も思っている。アサヒの森はこれからも発展をつづけていきたいと思う。現在、計画中のものを2～3、紹介したい。

●やまなみ大学の開校●

平成14年5月より年間4回、庄原《しょうばら》林業所の社有林を利用して、広島県が企画している環境学習市民講座

「やまなみ大学」に自然観察講座を開講。FSC認証の森を広島市や周辺のみなさんにも知っていただきたいという思いからの企画。植物自然観察や、林業体験など盛りだくさんのメニューをご用意しようと思っている。

●森林管理データベースシステムの開発●

これはFSC認証の取得の際に、付帯条件として指摘されたことだが、今まで行ってきた森林資源管理をよりシステマチックに行いたいという思いから、パソコンに向かって試行錯誤で構築している最中。林業の生産期間は非常に長いものであり、人びとの記憶も薄れていく。子孫のためにも必要なデータをきちんとした形で整理していくことを念頭にデータ整備を進めている。

●森林認証の普及活動●

FSC認証の普及活動を進めることで、持続的に管理された森林が広がっていくものと思っている。

私たちはシンポジウムや講演会などを通じてFSC認証の普及活動を行い、まだFSC認証をご存知でない方へ認証制度をご理解していただく活動をつづけていきたい。

●本社ビルの1Fにアサヒの森を●

この4月に当社本部ビル（東京《とうきょう》都墨田《すみだ》区吾妻橋《あづまばし》一丁目23番地一）にアサヒビールグループの環境経営活動を展示する展示場、「アサヒ・エコ・スペース――ミネルヴァの森」をオープン。

ミネルヴァとは、女神アテナのこと。アテナは知恵の神様で、この展示場でみなさんと一緒に地球環境について知恵を使って考えたいという思いから名づけたもの。

この展示場は、庄原《しょうばら》林業所の間伐材と、私たちより一年早くFSC認証を取得された高知県梼原《ゆすはら》森林組合さんの木材を使って什器を組み立てたもの。木材はすべてヒノキを使用し、会場のなかにはヒノキの香りが爽やかに広がる。

什器は木の形をしており、ちょっとした森のなかで、アサヒの環境経営を知っていただこうという演出。

展示場には当然、庄原《しょうばら》林業所の取組みやFSC認証などのパネル展示もある。庄原《しょうばら》の樹種を5種類切り出し、樹種当てカルタなどもつくった。

――これからもいろいろ趣向をこらしていきますの

アサヒ・エコ・スペースの見学にやってきた本書序の執筆者あん・まくどなるど（手前）と筆者の教蓮孝匡（うしろ）

で、本部ビルの近くまでいらっしゃいましたら、ちょっとお立ちよりください。ささやかな森林浴ができると思います。

まずなにかできることを

現在、私は横浜市のとあるマンションに住んでいる。向かいの山が約一か月まえからマンション建設のために切り崩されていく様《さま》をベランダから見てきた。山ひとつ崩すのは本当に簡単。あっという間になくなってしまう。

——ああやって里山がなくなっていくのだな。

と憤慨していながらも、自分の足元を見れば、自分の住んでいるこのマンションも、もとは山だったと知っているので、行き場のないやるせなさを感じる。

そんな気持ちを抱きつつ、まずやれることから一歩一歩やっていこうと自分に言い聞かせて、家族を連れて森林公園に遊びに行く毎日。娘が大きくなるころには、樹種の名前を教えられる自然派お父さんになっていたいと思っている。

（アサヒビール㈱環境社会貢献部　庄原《しょうばら》林業所担当）

資料編

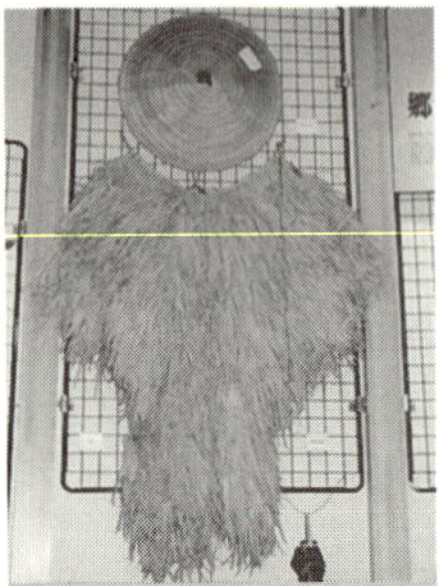

ミノ（庄原田園文化センター所蔵）

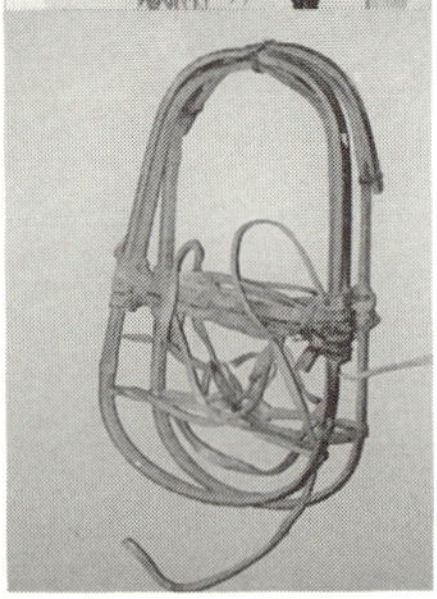

カンジキ

森の道具

切る

木を切る用具としてもっとも広く使われているのがノコギリである。

ノコギリが立木伐採道具の主役となるのは大昔からというわけではない。まえは斧が主役だった。

ノコギリには「生産伐採」と「加工」というふたつの役割がある。それに添ってノコギリの種類は大きくふたつに分類することができる。

立木を伐採して一定の長さに切って丸材にするときに使うのがヨコビキ。7世紀にその原型が現われてきたとされている。『春日権現霊験記』『石山寺縁起』をはじめ、鎌倉～室町時代の絵巻物に描かれているノコギリはすべてヨコビキノコである。

おなじヨコビキノコでも、立木の種類や丸材の直径によって、使用するノコの大小や刃の目もちがってくる。目抜きのあるメヌキダイキリなども大正初期ごろから普及していた。直径が特大のものや硬質の材木には、フタリビキノコ（ふたり挽き鋸）を使った。これらは昭和25年前後まであったという。そして、伐り落とす最終段階では小さなテノコ（手鋸）を使用する。

これらのヨコビキに対して、丸材を一定の厚さを持つ板材に挽き割るために使用するのがタテビキ。

日本ではいくつかの古墳からタテビキノコが出土している。その後、6世紀ごろから急速にタテビキノコは進歩してきた。

タテビキで丸材を挽き割るのは大変な労力で、「木挽きの一升飯」などと例えられるほどだ。タテビキ用のノコはオガ（大鋸）と呼ばれ、刃幅が広く厚く大きい。クビの長さが長く、刃幅の広さが目立たないクビナガが古い形で、改良型のハバヒロがある。

昭和36年ごろからは「アサヒビールの森」でチェーンソーが使われ始める。当時は重量もあり、使いこなす人も少なかったが、伐採の主役はその後徐々に機械

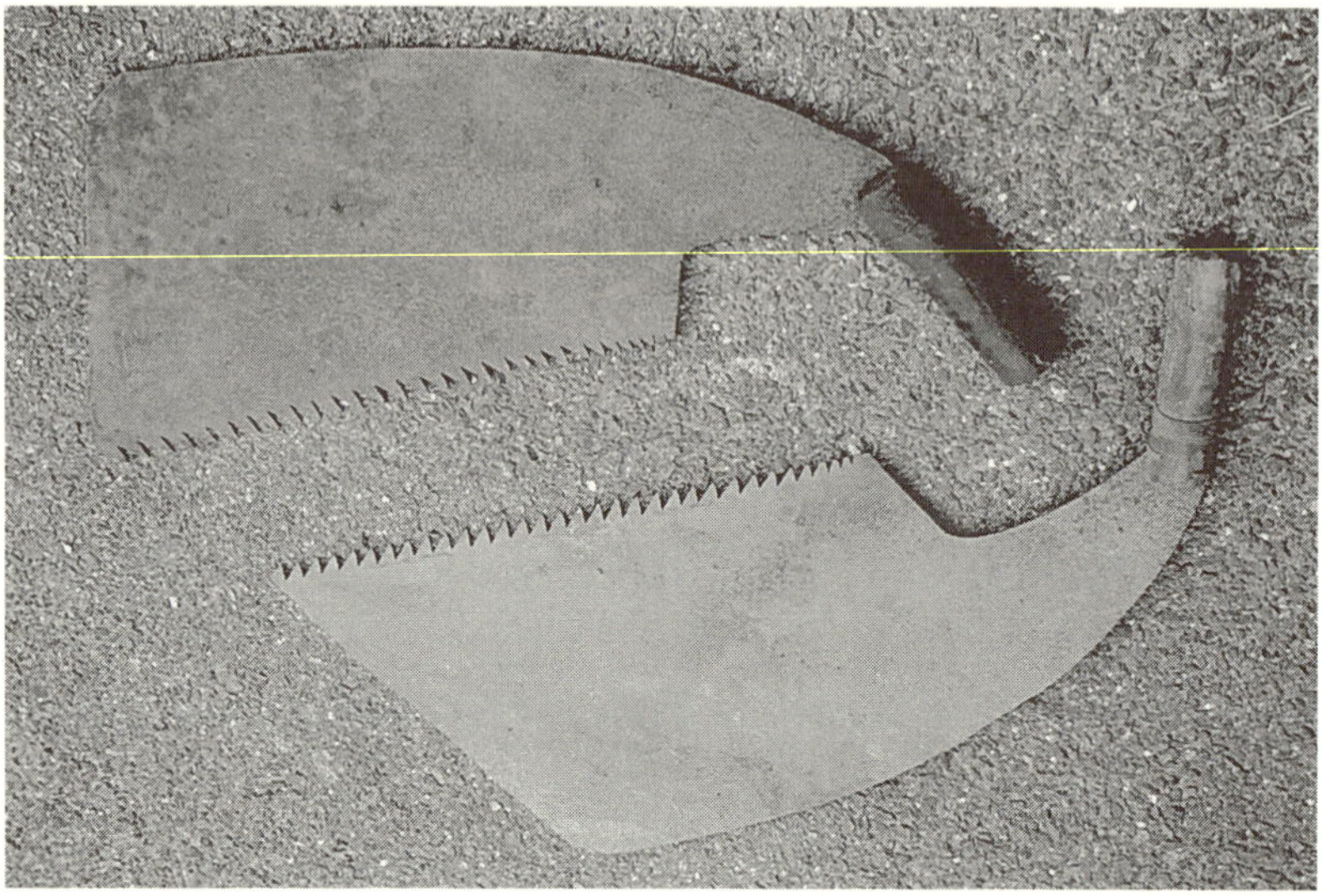

タテビキ

へと移っていく。

ヨコビキ

タテビキノコ

タテビキノコ（ハバヒロ）

刃幅が広く、クビの短いものをハバヒロと呼ぶ。

チェーンソー

トビ

戦前から長く使われているもので、丸太などを引っかけて運んだ。現在もさまざまな用途に使われている。

皮剥ぎ　松やアベマキの皮を剥ぐのに使った。

名入器　鉄道の枕木に記号を入れる道具

運ぶ

自動車や貨物列車を使わないで、人力のみで限られた範囲を持ち運びをするためにさまざまな道具が生まれ、工夫されてきた。

人力による運搬のなかで、もっとも広く行われるの

が「背負う」という方法だろう。荷物が安定し、両手が自由に使えるという最大の利点がある。背負い縄、背負い袋、背負い籠など使用用途よってさまざまな形状をとるが、とりわけさかんに用いられるのが背負い梯子**（広島では「負い子」と呼ばれる）**。この負い子をつくる際は、マツやスギを用いることが多い。背負い梯子の補助具として、杖を用いることがある。単純に杖の役割に加え、背負い梯子の横木に当てて休むのに格好の補助道具となった。杖にはヒノキ材を利用することが多い。ヒノキ材は比較的軽量で、そのうえ折れにくく裂けにくいためだ。

負い子（背負い梯子）

地方によって、ショイタ・ショイコ・カルイなどと呼ばれ、全国で広く使われた。木や薪を背負って運ぶのに使った。

背ごうて

わら製。材木や荷物を背負う際、背中を保護する役目を果たす。非常に重宝されたが、昭和40年ごろには使われなくなった。

木馬《きうま》

山道に直径5センチほどの盤木を敷き並べ、その上に木馬《きうま》を乗せて、材木やたば木を運び出した。ソリのようなもの。硬質な樫の木でつくることが多い。

はばき（わら製・布製）

ひざを守るためにつかった。防寒の役割も果たした。昭和40年ごろまで使っていた。

かんじき

2本の木をたわめあわせてつくる。深く積もった雪中を歩く際に履き、滑りを防いだ。

食べる

山で一日中作業をする際に欠かせないのが弁当。現在一般的に使われているプラスチック製のものではなく、かつては木製か籐製が広く使われていた。弁当入れはメンツ（飯櫃）・メンパなどと呼ばれた。

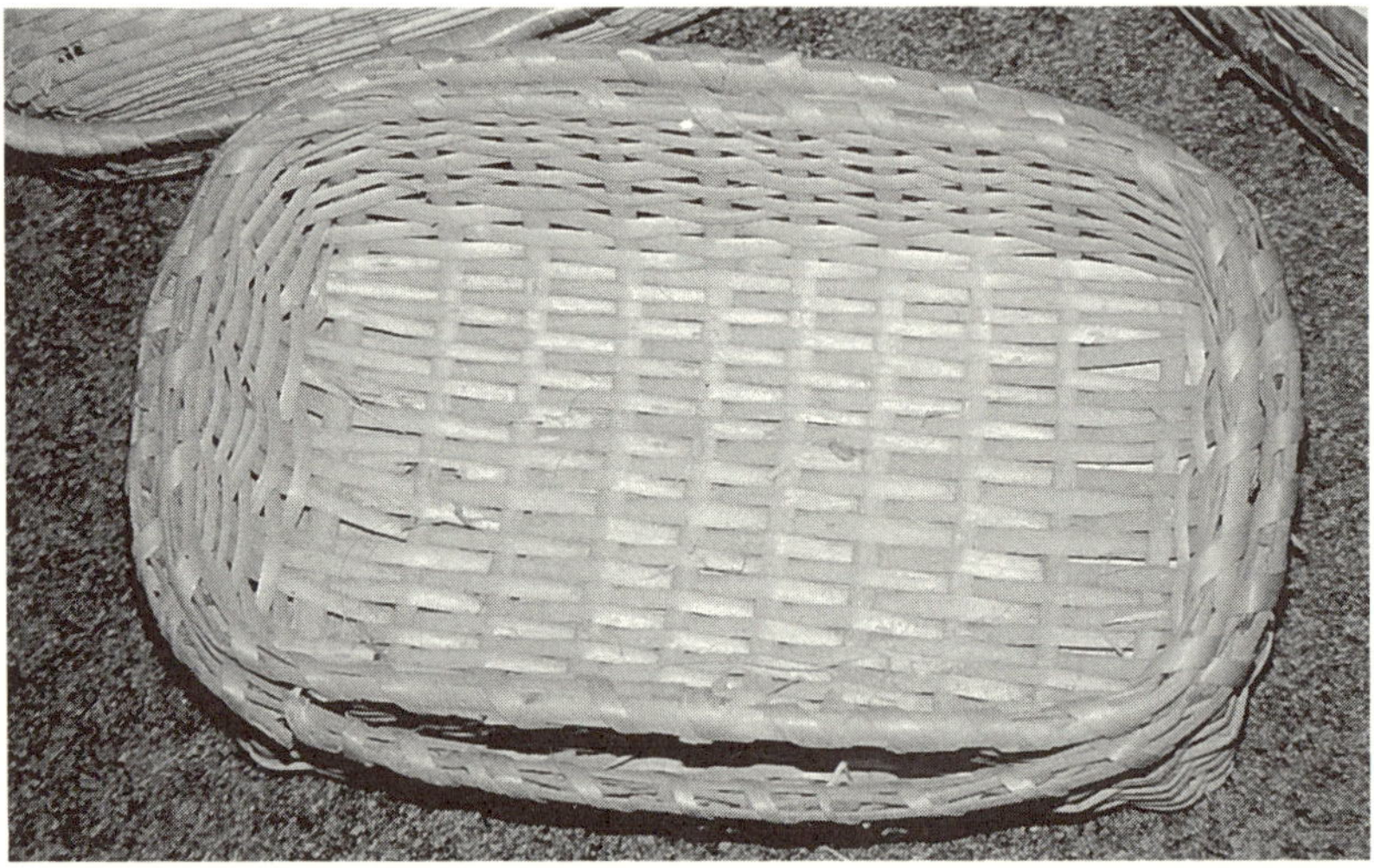

庄原の周辺ではこの柳飯櫃をコウリと昔は呼んでいたと吉原岸子《よしはらきしこ》さん（庄原《しょうばら》林業所事務担当）のお父さんは証言しているが　若い人はみな「知らない」という（庄原《しょうばら》田園文化センター所蔵）

楕円形で、木製・竹ひご製・籐製などさまざまなものがあるが、共通してるのは、容器の大きさである。力仕事のため飯を食う量が多かったということもあるだろうが、一日がかりの作業のため、2食分（もしくは間食用）の食糧を入れておけるようにということも考えられる。

木製などのメンツは保温性については難点があるが、余分な水分を吸収してくれる点では長けている。

蓋と入れ物の重なる部分がかなり長く、口径が楕円形であるこのメンツは、東北地方から九州地方まで広範囲に分布している。

飯櫃《めんつ》　木製の弁当入れ。
柳飯櫃　籐製の弁当入れ。

参考文献
『鋸』吉川金次《よしかわきんじ》（法政大学出版会）
『民具のみかた』天野《あまの》　武《たけし》（第一法規出版）
『民具入門』宮本馨太郎《みやもとけいたろう》（柏書房）
『日本の民具』礒貝《いそがい》　勇《いさみ》（岩崎美術社）
『続・日本の民具』礒貝《いそがい》　勇《いさみ》（岩崎美術社）

＊本書の民具の写真は、庄原《しょうばら》田園文化センター所蔵の民具を撮影させていただいたものを除いて、すべて「アサヒビールの森人たち」の倉の奥に眠っていた民具を撮影させていただいたものです。

あとがき対談

本山和夫《もとやまかずお》 VS. 礒貝《いそがい》　浩《ひろし》

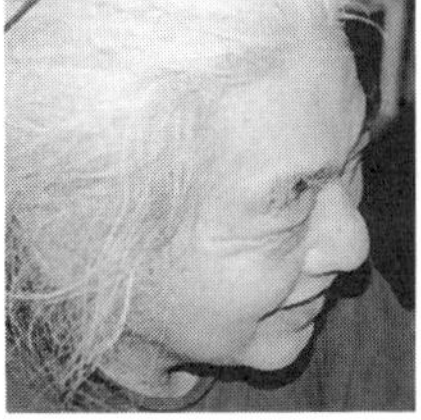

FSC認証よもやま話

礒貝　現場の長の藤川《ふじかわ》さんは、この本のなかの『ヒューマン・ドキュメンタリー　森のなかで――アサヒビールの森人たち』の『イントロ・インタビュー』で、「あと200、300年育てて日本の有名な神社仏閣の柱にしたらいいんじゃないか。それに、アサヒビールの社員が『アサヒビールの森』の木を床柱に使ってくれたらうれしい」と、とても雄大な夢を語っておられました。この『あとがき対談』では、本社側の担当責任者としての本山さんのお話をうかがいたいと思います……まずなんと言っても、スーパードライが世に出るまえ、アサヒビールの経営が苦しかった時期に、庄原《しょうばら》のあの森をよく手放さなかったな、とつくづく思うのですが。

本山　正直言うと、「売ってもなんぼのもんじゃい」という面はありました。しかし、根本的にはアサヒビール株式会社の当時の役員たちのなかに、やさしさというか、森や木を大切にするヒューマンな部分があったからこそあの森を残すことができた。そこにまず感謝しなければいけないと思います。

議員 本山さんがご担当になられたのはいつですか？

本山 おととしです。環境の担当になってはじめて庄原《しょうばら》林業所へ出向いたのですが、現場の人たちからすれば、正直、「なんで関係ないやつが、森にしょっちゅう来るようになったんだ。おれたちは何十年も森を守ってるんだぞ」という感じはありましたね。

議員 それまでは本社の方もあまり森の現場へいらっしゃらなかったわけですしね。ぼくが、はじめて現地を訪れた4年まえには、正直言って本社の方は、まだ庄原《しょうばら》の森に熱いまなざしをそそいでいらっしゃるという状態ではなかった。1966年から指定を受け始めた「水源涵養《かんよう》保安林」は、1995年には全山指定完了、1987年には「ブナ林自然環境保全地域」、1998年には、「県立自然公園」指定と、やるべきことは、ちゃんとやっておられましたが……。

本山 ここ2、3年、こちら側（**本社側**）で、どんどん話が進んでいって、庄原《しょうばら》林業所がFSCの森林認証を受けることになったわけです（**『吾妻橋《あづまばし》の森番日記』252ページ参照**）。

議員 FSC（Forest Stewardship Council＝森林管理協議会）が、1993年に設立された背景には1980年代後半のヨーロッパを中心とした熱帯木材の不買運動などが背景にあったとぼくは解釈しているのですが……アサヒビールの庄原《しょうばら》林業所は、森林管理の認証を習得した段階ですが、北欧や英国、北米には、COC認証（**注＝森林から生産される木材の加工・流通に対する認証**）を受けた材木・加工品に対してかなり強力なバイヤーズ・グループが結成されていますが、日本では、まだまだこれからですね。

本山 現場からしてみれば「FSCの森林認証なんてふざけるな」みたいなところは、あったかもしれません。ただ、われわれ環境社会貢献部は、浮わついた気持ちで森林認証を取ろうとしたんじゃない。急に森の保護が脚光を浴びたから、「環境だから」とやってるわけでもない。アサヒビールの諸先輩方が庄原《しょうばら》の森を残してくれた思いを、後世に伝える意味があると思ってやってるんです。

礒貝　なるほど。

本山　それと、社内に向けてのアピールという面もあります。「われわれはこんなに貴重な資産を共有しているんだよ」と社内に示すことで、社員のモチベーションを高めるといいますか、誇りを持ってもらうことができると思います。「じゃ、森をアピールする手段はなにか?」と問うたとき、たまたまそれがＦＳＣの森林認証だったわけです。そうすることで現場で働いている方に報いることになるし、その森を残してくれた諸先輩方の思いを社員に知ってもらうことができる。そして、それと同時に環境

赤松山《あかまつ》を視察中の本山さん

というものを、もっともっと外へ発信していきたいんです。

議員　FSC認証を受けたのは、日本では1番手が2000年2月の三重《みえ》県の速水《はやみ》林業（代表速水亨《はやみとおる》氏三重《みえ》県北牟婁《きたむろ》郡海山町《みやまちょう》）所有・管理の森林1070ヘクタール。認証を取得したあとの代表の速水《はやみ》さんの言葉が、非常に示唆に富んでいるので、ちょっと長いのですが、紹介しておきましょう。ネット・サーフィンしていて見つけ出したものです。『FSCの認証を取ることは、林業の生産目標である木材以外の森林の生き物、微生物から人間まで、優しく配慮した森林管理を実行していくとともに、地域で認められる林業経営であることが求められる。このためには従業員の意識改革、自主性をうながし、社会での存在意義を意識させること、そして経営者は従業員のそのような変化を誘導するためにも、彼らと可能な限りの経営情報を共有することが必要だ。もちろんこのような情報は、従業員に留まらず地域の人びとに対しても公開することが重要となっている。これらの努力がグローバル・スタンダードであるFSCの認証につながる。そして認証は従業員のより一層の自信や活力につながる。もちろんCOCによる生産品の差別化は期待するが、それ以上に林業の慣習的な経営の打破にもつながり、補助に頼りがちな林業の自立へのひとつの方向を示すことになる。環境を背景とした新時代林業戦略をもとに、林業不況に真っ向勝負を挑んでいる』というものですが、今、本山さんがおっしゃったことに、通じるところがありますね。三重《みえ》県の場合、紀北県民局なども乗り出してきて、FSC認証取得森林である三重《みえ》県の海山町《みやまちょう》の大田賀《おおたが》山林で、『FSCの森の集い』なんてのも開いている。森のなかでのコンサート、ウォーク・ラリー、木材教室、FSC認証商品の展示・販売などなど……なんとこの集いで25のイベントをやったなんていうのは、さすがFSC認証第1号の貫禄十分といったところですか……ぼくは、こうしたパイオニア・ワークをやる人たち、大好きですね。森林浴を楽しみながら、『自然観察吟行会』なんてのもやっている。植物・鳥の専門家や俳句のインストラクターに引率さ

れ、森のなかで一句ひねり出すなんてのも、シャレている。すみません、ながながと話してしまって

……話をＦＳＣ認証にもどせば、２番手として認証を受けたのは、２０００年10月の高知《こうち》県の梼原《ゆすはら》町森林組合。３番手が、２００１年９月下旬のアサヒビールですよね。国内の食品会社の保有林では、はじめての取得ですね。そのあと２００１年10月に東京農工大学演習林が認証を受けた。先日、５番手として認証を取ろうかどうかと考慮中の人――明治の元勲のひとり山縣有朋《やまがたありとも》のお孫さんの奥さんが所有・管理なさっているかなり大きな森（栃木県矢板《やいた》市）へ行く機会がありました。

本山　そうした新しくＦＳＣ認証を取ろうとしている人や組織に対して、もしお手伝いできることがあれば、ぜひお力添えしたいですよ。

礒貝　ちょっと話が変わりますが、ＦＳＣ認証を取って木材にそのことが表示されても、日本の場合、それを買う消費者の側にＦＳＣの認知度が低いという問題もありますね。アサヒビールさんの庄原《しょうばら》林業所の場合、年間１億円をはるかに越えるお金が、その維持のためにずーっと使われつづけているわけですが、「なんとか商売に結びつけることは、できないのか？」といった声が、社内からあがったりしませんか？

本山　声自体はないまでも、もちろん企業ですから考えますね。認証を取るというのは、木の価値を高める目的もあるわけで、持続可能な〝事業〟であるというのが大前提になるわけですから、当然そういったことも考えないといけません。「木は儲からないから売らない」ではなくて、例えばＮＰＯの方に間伐材を取りに来てもらって、その木材を利用できる仕組みをつくるとか、すぐお金にならないまでも、なんらかの事業化はできると思います。

礒貝　これまではとにかく、がむしゃらに「ものをつくる時代」でしたが、21世紀は今おっしゃったような企業の姿勢が価値を持ってくる時代であると思います。

手をこまねいているわけではない　アベマキを使ってコースターをつくってみたり「加工実験」は　今もやっている

本山　5年先、10年先をにらんだ事業計画をつくる必要があるんじゃないかなと思います。今はいわゆる「環境事業」のなかの話ですけど、本来は林業という産業のなかでも考えていかなければいけないと思います。そうした具体的な提案をどんどん出していきたいんです。林業所に「どうなんだ、どうなんだ、どうするんだ」と聞くばかりではなくて、「こういうふうにやったら、こんな成果が出るんじゃないか」と具体的にこちらからも提案していかないと。現場だけに委ねていてはダメだと思います。

森にかかわる人たちよ！　発想の転換を図れ！

礒貝　いわゆる既成の林業家とか林業の研究機関、あるいは専門学者というのは、ここらで発想の転換を図らなければいけないでしょうね。現在、日本の国土の66％が森林。そのうち32％が国有林、68％が民有林（**注＝県や市町村所有のものも民有林**）。アサヒの森も、もちろん民有林に含まれるわけですが。それぞれの県が定めた法律によって、ヒノキは何十年、スギは何十年経たないと切ってはいけないというふうに規制されているわけですね。国有林の場合はとくに、その規制をクリアーした木の皆伐をやって、そのあとに植林するというのが、これまで一般的な原則とされてきたわけですが、最近は、逆間伐といって、いい木を間伐して売り物にしてしまうような方法を取っている林業家もいる。さきほど、ちょっと話に出た栃木県矢板《やいた》市の山縣《やまがた》さんなんかは、この方法で林業経営に成功している人ですね。ようするに、間伐しなかった細い木が、環境がよくなることで、その後よく成長するという方式ですね。昔ながらの方法論にしがみついている林業家、職人さんを説得するのはむずかしいだろうけど、今お話したのはほんの一例ですが、斬新な森林管理法・経営法をいろいろ試してみれば、アサヒの森も5、6年のうちに、なんらかの形で事業化できると思います。もちろん、ちゃんとした森林計画をお立てになっており、現在の50年生が80年生になる2030年から、生産材の供給を行う目標のもとに、やっておられるのは、よくわかっているのですが、このことにこだわらないで、いろいろ考えてみたらどうですか……今や、林業は、どん底なんですから、いろいろやってみて、「ダメもと」じゃないですか。どうも、われら日本人は、〃独創性に満ち満ちたパイオニア精神〃でものごとに立ち向かっていくという気概に欠けているところがある。

本山　林野庁と環境省も巻きこんで、従来の発想とは、ちがったかたちで取り組んでいかなければいけないでしょう。

磯貝　ヒノキやスギは値さがりしているし、それでなくても、値段の安い輸入材には太刀打ちできない。よしんば、逆間伐の手法を使って今売りに出しても、山から出して消費者の手元に届けるまでの手間賃を差し引くと、なんぼのものにもならないでしょうが、なんらかの「新しい発想」でもって、ことに望めば、その気になればアサヒの森から現金収入を得られる方法は、今すぐにでも見つかる。儲かるかどうかは、別問題ですが……。そう、そう、林業が今苦しいということで思い出したのですが、去年と今年（2001年と2002年）、何度かにわたって、アサヒの森周辺およびそこから流れている川の流域で、いわゆる〃聞き取り調査〃を、ぼくらのグループはやったのですが（**21ページから103ページまでの『イントロ・エコ・ツアー・ドキュメンタリー　海から森まで』参照**）、業界全体が構造的不況に陥っている林業界には、どうしても、〃昔からおなじ釜の飯を食ってきた仲間たち〃で固まって、〃よそ者〃を排斥するような雰囲気があると感じたのですが……国や県や市町村の森林所有はいいが、いわゆる〃一般会社〃が森を所有して管理することに対して、いわれのない〃抵抗感〃みたいなものが、業界内にあるんじゃないか。あくまで〃感じた〃という根拠のない直感ですが。この際、森の世界もみんなで組んでおおらかにやっていければいいなと思うんですが……農業界はもっと閉鎖的ですがね。

『庄原《しょうばら》林業研究所』構想

本山　儲かる儲からないではなくて、貴重な資源があるわけですから。それが間伐材として捨てられていってしまうことを考えれば、利益だとか赤字だ黒字だとか関係なく、アイデアをどんどん出していくことから始めなければ。それが実現化していくことが、現場で働いている人の誇りにもなるだろうし。現在の林業所の形も変えたいんですけどね、われわれもなかなかアイデアがね……。これからの森林経営のあり方を考える機能組織として『庄原《しょうばら》林業所』じゃなくて『庄原《しょうばら》林業研究所』という組織名でもおもしろいと思いますが……。

議員　それは、いいアイディアだ。財団法人か社団法人にすればさらにすばらしい。それにNPOやNGOの一般市民団体も参加できる形にしたらパーフェクト。熱烈支持します。そういう「発想の転換」がほしい。今、ちょっと〝環境〟をあえて離れて〝森の経営学的見地〟にこだわった発言をつづけているわけですが、そうした立場から考えると、研究所が木を切り出して売っても、一向にかまわないですからね。「研究所の木」ということで付加価値がでるかもしれない(笑)。日本の専業林業家は林業全体の1%ですが、その人たちの有志が研究会を立ちあげて、「林業だけでどうやってやっていくか」と、血の出るような工夫をしています。そんな方を庄原《しょうばら》林業所も内部に招いて、忌憚《きたん》のない意見交換会をするとか……そう言えば、カナダなどでは、夏になると学生が繰り出してボランティアで植林をするかなりおおがかりなムーブメントが、ちゃんと定着して、相当成果をあげている。「林業研究所」は、そういうオーガナイズも、しっかりやればいい。

本山　森の持つ多面的な機能を将来に向かって研究していくことが、大事だと思います。具体的に言えば、例えば森林バイオなどを研究のテーマにすえてみてはどうか、とか。

礒貝　カナダでは一時期、木をぱっぱと切ってしまったから——それを競って買ったバブル全盛期の日本も同罪ですが——水源が荒廃して、水が汚れてきています。でも、あの国の人は、その対策を考え、即実行する。各市町村がその後定めた、水源保護、すなわち森を守る法律のなかには、日本も見習う必要があるぐらいすばらしいものがあります。林道など一切森のなかにつくらないで、ヘリコプターを使っていろんな間伐材を運び出す効率的な方法を試みて、森を研究しているところもある。林道のかわりにヘリコプターを使うという「発想の転換」。間伐の仕方、間伐材の運び出し方、などなど既成の林業の〝しきたり〟では、「おや、まあ」と思われるような〝方法論〟を研究する必要がありますね。

本山　ええ。

礒貝　林業所を研究所に衣替えして……もちろん、その下部組織あるいは関連組織には経営のセクションもつくって……いいですねえ……長期にわたってじっくり腰を据えて森の研究をしている機関というのは、国土をこれだけ森に覆《おお》われているわりには、日本にそんなに多くはない。広大な北海道《ほっかいどう》富良野《ふらの》の東大農学部附属演習林、京大大学院農学研究科の附属演習林（芦生《あしふ》、北海道《ほっかいどう》、和歌山《わかやま》、上賀茂《かみがも》）などで、それぞれの大学の世界的に有名な森林学者が現場主義で、いろいろいい研究をおやりになっていますが全体から見れば、これは、ほんのひと握り。そうそう、わが盟友である自然保護派の作家C・W・ニコルが尊敬していた泥亀先生こと故・高橋東京大学名誉教授は、北海道《ほっかいどう》演習林長として現地に腰を据え、ユニークな森の研究をなさっていた。アメリカのオレゴン州に35年から40年ぐらいのスパンでひとつの森を研究しているところがあるそうですが——ちかぢか、1度、訪ねてみたいと思っています——日本では、それにつく予算の関係もあるのでしょうが、短期間で結論を出そうとする研究が、結構多い。せいぜいつづけても10年から20年どまり。もっとも、例外的な息の長い研究（実験）が、まったくないわけではない。60年に1回といわれているモウソウチクの開花とその枯死のありさまを解明しようという研究を東大農学部が千葉演習林で始めたのが1930年。67年後の1997年に花が咲いたそうです。つぎの開花は2060年ごろで、この研究など300年がかりだというから、驚きです。2002年8月17日の朝日新聞の『天声人語』を読んで、このことを知ったのですが……。せっかく、アサヒビールには、あの森があるんだから、木を育てるのと並行して、あそこを研究対象にしていければ、もっとビジョンが沸いてくると思うんですが……ただし、その場合、ひとつ条件があります。これまで、だれも考えなかったような「ユニークな発想の研究を長期にわたってやる」という条件です。例えば、われわれのグループが提唱している『海から森までのエコ・リンクス研究——江《ごう》の川河口からアサヒの森まで』を、その最源流の森に本拠地を置いて、じっくり、50年かけて研究するとか……これは、ちょっと我田引水でしたか（笑）……とにかく、新しい森の研究のテーマは、学際的なものにする必要があるとぼくは思います。

林業の〝新しい商いの道〟

本山　業界大手の林業業者が、FSCの森林認証を取って、そのうえで環境と商いを両立するというのはなかなかむずかしい。わたくしどもはビール会社ですが、環境と両立した商いができる新しい商いの道を見いだしていきたいですね。

礒貝　大手の林業業者は、木を切り出して売るセクションと商品として材木を扱うセクション——住宅建築などの会社とを別の組織にしたりしている。なかなかうまいですよね。

本山　その会社の方と話す機会があったんですが、「FSCの森林認証まではちょっと……」と言われてました。

礒貝　ぼくは、はじめアサヒビールさんが森林認証を取られるという話を聞いたときに、「おい、おい、それよりほかに、やることがたくさんあるんじゃないか」と思ったんですが、今思うと逆に、これが〝しばり〟になって、よかったんじゃないかな。

本山　いやいや、そういうことではなくて……。

礒貝　わかってます（笑）。

本山　森林認証もなにもなしで「地球環境を考えた当社の林業経営がどうのこうの」とうんちくたれたところで、どうでしょうか？　ここまで会社としての〝森〟に対する盛りあがりはなかったんじゃないかな。そういった点でひとつの足がかりとしての森林認証だったわけです。認証自体が目的じゃない。それをベースにしながら新しい事業に花を咲かせていきたいわけです。地球環境を考えるうえで、また、社内外の情報発信のために、活用したいと考えたんです。

礒貝　それは賛成です。いい発想だと思いますよ。

本山　そういう点で、瀬戸（**取締役相談役**）にはたいへん感謝しています。

アサヒの森をみんなのものに！

礒貝　新しい社長に変わられるたびに、アサヒの森で記念植樹されてます。林業所所長の藤川《ふじかわ》さんがおっしゃているように、世間が「環境がどうの」と言い出したから森を守り始めたんじゃないんだ、というのは説得力がありますよね。

本山　それはそのとおりです。ただわれわれも、「環境だから」といって現場の方がたのところへ土足で踏み入って、どうにかしようというつもりはまったくありません。先人が守ってきたあの貴重な財産を、

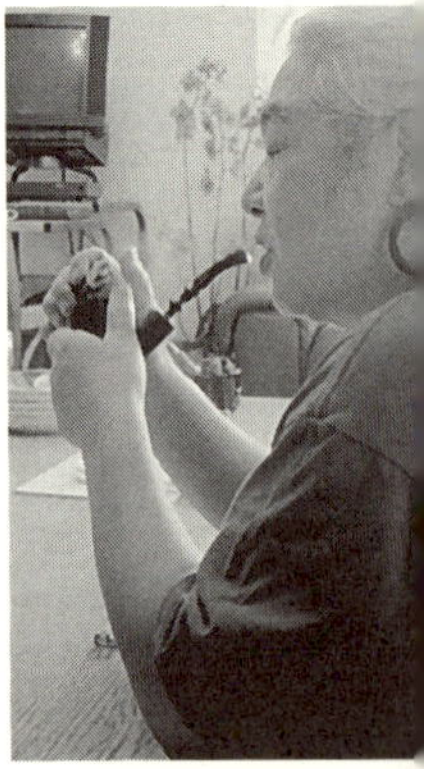

アサヒビールみんなのものにしたいという気持ちがあるだけです。仲間なんだから、全体で大切にしていきたいと思います。そういう点を、林業所や現場の方には、ぜひわかってほしい。

議員 現場の人たちは、基本的に職人さんですからねえ。それも、たたきあげの一流職人。そうした方がたの目のまえに突然現われて、「これまでになかったような新しいことをみんなでやろう！」と提案して、納得していただくのは、たいそうむずかしいだろうと、お察しいたします。ぼくもアサヒの森の作業現場へ、何度かおじゃましたことがありますが、80何歳の方が、あの山の急斜面をすいすい登っていって力仕事をしていらっしゃる、こっちはついて行くだけで息も絶え絶え……そんな人たちに、ひいひい言っている男が頭でっかちのきいたふうなことを言って、なんの説得力がある？（笑）……そう、そう、それで思い出しました。アサヒの森のモデル・フォレストである赤松《あかまつ》山に簡易水洗トイレが、ふたつ新設されました。古いドボン式トイレも入れて、和風トイレがみっつ……ぼくは、ひとこと、現場でアドバイスしました。「いろんなお客さんが、いらっしゃるだろうから、洋式トイレも、ひとつ、あったほうがいいんじゃないですか？」「いや、日本人には、このトイレがいちばん」――「はい、わかりました」と、即、退散。もう、それ以上、なにも言えない（笑）。

「アサヒビールの森人たち」には、頭がさがる

議員 「社員の方に環境に対する意識を広めていかれる」という見地で言わせていただくと、4年まえでした

か、ぼくは『アサヒの森を開発しない開発計画』という素案を提案したことがあります……しかし、それにしても、さえないネーミングですね。なんか、いいネーミングは、ないかなあ？　これじゃ、説得力がない……まあ、ネーミングのことは、とにかく、これからは、こうした案を、さらに煮つめて提案していこうと思っています。

本山　いろいろ教えていただいて、われわれの知恵のなかに取り入れさせていただくとありがたいなと思います。

磯貝　ぼくは、〝農林漁《のうりんぎょ》〟の一次産業のなかでは、どちらかと言うと〝農〟と〝漁〟のほうに詳しい。〝農〟に関して言えば、毎日新聞社系の財団法人が発行する『農業月刊誌』の編集長をはじめ、農林水産省関連の財団法人の季刊誌のお手伝いなどをやり、実際に現場でも10年間以上、かかわりました。信州の山のなかの旧開拓地に自分たちの手で富夢想野舎《とむそうや》という丸太小屋を何棟も建てて、体を張った壮大な〝実験劇場（**農業を中核に据えた、いろんなパイオニア・ワーク的な試み**）〟をやったことがあります。C・W・ニコルも隣組で、協力してくれました。〝漁〟は富夢想野舎《とむそうや》——ここは、農村塾も併設していたんですが——時代の教え子、あん・まくどなるど（**現在、作家・宮城大学特任助教授**）たちと日本の全漁村をしらみつぶしに歩くプロジェクトを、かれこれ、6、7年越しにやっていて、全国の漁村を今も訪ね歩いています。全漁村の3分の2ほどは、すでにまわりましたかねえ。ところが、〝林《りん》〟に関しては、これまで、これはといった現場活動をしてしない。まあ、ぼくが社主を名乗っている出版社が、ちっぽけな森を信州に持っていて、そこで、しこしこ『森を開発しない開発計画』の実験——例えば間伐

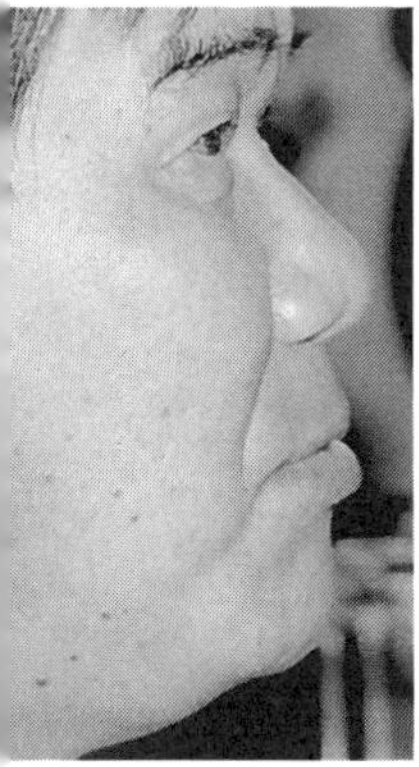

材だけを使って、アーリー・アメリカン方式の素朴な草屋根の丸太小屋をつくるとか——をやっていますが、とにかく〝林《りん》〟はぼくの専門じゃないので、どこまでお力になれるかわかりませんが、ぼく自身の過去の〝生きざま〟に森は、結構深くかかわっていますので、〝森に対する想い〟だけは強いんです。これを機会にご一緒に新しいことができればと思っています。

本山　藤川さんの話にもありましたが、本社から遠く離れて人が見ていないところで、「アサヒビールの森人たち」は、あれだけのものを維持されています。その精神は商いの道にも通じているな、と感じます。

礒貝　どこの林業所に行っても経営者側が言われる。「森のなかに入ってしまうと、作業する人ひとりひとりにかかってくるから、いわゆる普通の会社を管理するようには管理できないんですよ」と。現場の人がいかに誠意を持って仕事をするかにまかせるしかない。その点、庄原《しょうばら》林業所の現場のみなさんの誠意ある仕事には、わたしも頭がさがります。

本山　それは、仕事をするうえでの気持ちのあり方として社員たちにも知ってほしいですね。木だって、強い木だけが生き残るわけではない。賢い木があるのかもしれないし、なにか長所を持っている木が生き残るんだと思うんです。決して強い木だけじゃない。変化に対応するものが生き残っていく。手入れをすればするほど、それが成果として返ってくるというのは、これも商いの道に通じると思いますよ。

礒貝　商いの道については、ぼくはよくわかりませんが、環境をテーマにした単行本のシリーズ『アサヒ・エコ・ブックス』のなかの一冊に、「庄原《しょうばら》林業所が森とどう取り組んでいるか」というドキュメントを入れることが決まり、ぼくが監修と写真撮影を引き受けたときに、環境学者としてのあん・まくどなるどが提唱している『エコ・リンクス論』——海から森までの環境問題は、リンクさせて考えていかなければならないという理論を〝バックグランド・ミュージック的バックボーン〟に据えることを、まず決めました。つぎに、なんのためらいもなく、この本は現場の森で働いている人たちを、徹底的に追うヒューマン・ドキュメントとしてまとめることにした。理屈っぽい〝森論〟や〝森林環境論〟をもてあそんで、あれこれアサヒの森をこねまわすのはやめよう、と。だって、これから、アサヒの森がどんな展開を見せるにしても、はじめに〝あの森人たち、ありき〟じゃないですか？　ちがいますか？

本山　おっしゃるとおりです。

ちょっと休憩。ＦＳＣ森林認証獲得裏話

磯貝　本山さんはご自身でも山登りをされているとか？

本山　病気をしてから始めたんです。仕事だけやってて、つまらん人間だったんで。

磯貝　いつごろ病気をされたんですか？

本山　今から7年まえに、右半身不随になったんです。あれは完全にストレスだったんじゃないかと思います。

磯貝　倒れられたあと、山歩きを始められた、と。

本山　ええ。いろいろ地域貢献の活動をしたり。〝自分〟から〝仕事〟を引くとゼロになっちゃいかんなと痛感しました。今は気分転換に登ったり歩いたりという感じです。

磯貝　じゃ、アサヒの森のなかを歩かれるのも全然平気で。

本山　ええ、もう。２０００年の1月に環境の担当になって、「庄原《しょうばら》の現場に行きたい行きたい」といって、その3月にはじめて訪れたんですが、そのとき森を見てすぐ思いました。「これはなんとかしてアピールしたい」と。

磯貝　ほんと、信じられないぐらい手入れの行き届いた森ですからね。

本山　山の仲間にも、「こんな美しい木があってね」と写真を見せて。わたしは里山を中心に登ってますが、里山には林業をやっている人たちが多いんですね。その人たちの森と比較してみても、アサヒの森のようにきちんと手入れされている山は、そんなにないんじゃないか、と。それからなんです、森林認証のことが出てきたのは。たまたま雑誌をめくっていたら『速水《はやみ》林業さんが第1号の認証を取られた』という記事が出ていた。それを読んだすぐ翌日、レポートをつくって、瀬戸（当時会長）と福地（当時社長）のところへ行って、「これをやりたい」と話しました。しかし、「さて、これはいったいどうやって取ったらいいんだろう」と、自分もよくわかっていなかったんですが（笑）。動きがスタートするのは、それから3か月後ぐらいですね。

議員　そこから11か月でお取りになったとは、すごい。

この美しい森をなんとかアピールしたい――環境〝施策〟論

本山　この美しい森をなんとかアピールしたい、というのが根本の思いだったんです。わたしはこうした環境の取り組みが、特別な〝施策〟とされてきた気がします。しかし、環境経営というのは〝施策〟ではなくて、会社経営の仕方そのものだと思うんです。「環境を総合的に考えながらやっていく会社なんだ」ということを実践すること、それが環境経営なんですよね。

議員　なるほど。

本山　その環境経営をどう実践していくかというところではじめて、ひとつの〝施策〟が生まれるわけです。従来の環境のセクションと言うのは〝施策〟だけでとらえていて、具体的になにか新しいアイデアを出すといつも「無理だ」と否定から入ってしまう。「そんなことやったって無駄だ」とか。結果的になにもやらないということが多かった。具体的にやることだけを考えろというのではなくて、会社としてどういったことを具現化していくのかという点から考えれば、われわれのできる領域から、なにかをやっていかなきゃいかんわけです。

神奈川新工場と環境

磯貝　そう言えば、新しく神奈川工場ができましたが、環境経営のシンボルとして、うまくアピールされていったほうがいい。

本山　2002年5月に操業開始しました。ただビールができる過程をお見せするんじゃなくて、風力発電を取り入れるとか、原材料や容器をどうリサイクルしているかとか、そうした展示を増やすよう試みているんです。

磯貝　それはいいですね。

本山　そこはそこでいいんですが、わたしとしては工場全体にそうした「環境」のイメージを持たせたい。壁を緑に塗るだけでも、歩いていたら小鳥のさえずりが聞こえてくるだけでもいいじゃないですか。全体のコンセプトとしてやらなければ意味がないですね。例えば見学の売店でも環境にやさしいものを取り扱うとか。

森に夢を追おう！

磯貝　アサヒの森のなかの赤松山《あかまつ》に古い小屋がありますよね、森人のみなさんが休憩所に使われている。あれなんかも、どうにか活用したいもんですね。藤川《ふじかわ》さんの『イントロ・インタビュー』でも、強調しましたが、森の古い民具を展示して小さな博物館にするような提案をはじめ、いろんな〝夢追い人的提案〟を、これからもしていきたい。あんまりお金をかけないで、間伐材を使ってつくった素朴な草屋根の丸太小屋で自然教室を開いたりとか、そのそばに露天風呂や薪サウナをつくったりとか、自然体のオート・キャンプ場をつくったりとか……列挙するアイディアが陳腐だね……すごいアイディアを披露すると、すぐに盗まれるから……まあ、内容はなんであれ、自然を壊さないままの『森を開発しない開発計画』……いいねえ。ユニークな研究機関を中心に据えることは、暗黙の了解として、森を訪ねてくる一般の方がたへの啓蒙になるような活動も、できればすばらしい。〝つくらないでつくる〟展開……こんなふうに夢想すると、〝森の夢〟はどんどん広がっていく。ただ、ここで、ひとつお断わりしておきたい。今の話じゃないけど、日本には、アイディア権に対して敬意を払う習慣がなさすぎる。この本の『あとがき対談』で本山さんとぼくが、ちょこちょこと語ったいろんなアイディアを無断で利用する人や組織があったら訴えましょう……半分冗談、半分本気ですが（笑）。

本山　環境のプロジェクトも始まったばかりでして、なかなか考えが及ばないことも多いんです。例えば、「自然を壊さないオート・キャンプ場」といっても、「ん？」となかなかイメージがわかないんですが……。

礒貝　ああ、そうか、日本じゃ、そういうところは、まったくと言っていいほどないですからね。アメリカやカナダの州立・国立のオートキャンプ場や、ヨーロッパ、とくにフィンランドをはじめとする北欧・ドイツなどの〝自然と添い寝している施設〟、この言い方が下品だったら、〝自然と人間との共生活動〟をご一緒に視察に行ってもいいですね。ご案内しますよ。カナダのロッキー山脈沿いの森林地帯なんか、そうしたモデル・ケースの宝庫です。この40年間、自然のなか——いわゆるジャングルや熱帯雨林を含む森、砂漠、山、原野、川、海、極地などを中心に、世界100か国あまりを、大地とまぐわうように這いずりまわったぼくは、口幅ったいようですが、日本人のなかでは、世界中の〝自然と人間の共生現場〟を数多く見てきた最右翼のひとりだと自認しています……なんて偉そうに言っても、ぼくが持っているのは現場主義と経験主義に支えられた雑知識で、体系的な学問に裏づけされていないそんな知識が、どれくらいお役に立つかは疑問ですが、そんなぼくでよろしかったら、なんだって協力させていただきます。ただ森のなかに〝共生現場〟を理想的につくりあげても、それを使う側の〝民度〟が高くないと多くの問題が生じるというのは、別の話ですが……今はそちらの領域に踏みこむ議論は、ちょっと脇に置いておきましょう……最後の最後に、この本の写真を撮った者として、ちょっと発言してもいいでしょうか？

本山　どうぞ、どうぞ。

礒貝　じつは、この本の写真は、その9割近くをデジタル・カメラで撮影したものなんです。言い訳がましくなりますが、はっきり言って、サイズの大きな写真をこれだけたくさん載せる本をデジタル・カメラで撮った作品で埋めるのは、まだちょっと無理があります。それを承知で、あえて実験してみました。森との取り組み話じゃないですが、なにごとにもチャレンジ精神が必要だと思いまして。

本山　そうですか。それは知りませんでした。

■

礒貝　ほんと、まだまだいろんな可能性を秘めた森だから、いい方向へ進んでほしいです。

本山　ええ。わたしもあの場所で実現したいことはいろいろあるんで、いろいろみなさんにアイデアをいただきながらがんばっていきます。

（まとめ文責　教蓮孝匡《きょうれんたかまさ》）

本山和夫　アサヒビール株式会社経営戦略・広報担当執行役員（２００２年８月までは環境社会貢献担当執行役員　アサヒ・エコ・ブックス・プロデューサー）

礒貝　浩　本書監修者　ＭＳＢ（マガジン・スタイル・ブック）『eco－ing. info』編集長　アサヒ・エコ・ブックス・プロデューサー

対談を終えて……（左から）本山　礒貝　教蓮

Conducting Environmental Impact Assessment in Developing Countries　*Prasad Modak Asit K. Biswas*　*ASAHI ECO BOOKS 1*

環境影響評価のすべて

プラサッド・モダック　アシット・K・ビスワス著

川瀬裕之　礒貝白日編訳

ハードカバー上製本　A５版４１６ページ　定価２８００円＋税

「時のアセスメント」流行りの今日、環境影響評価は、プロジェクト実施の必要条件。発展途上国が環境影響評価を実施するための理論書として国連大学が作成したこのテキストは、有明海の干拓堰、千葉県の三番瀬、長野県のダム、沖縄の海岸線埋め立てなどなどの日本の開発のあり方を見直すためにも有用。

■序章■ＥＩＡの概略■ＥＩＡの実施過程■ＥＩＡ実施手法■ＥＩＡのツール■環境管理手法とモニタリング■ＥＩＡにおけるコミュニケーション■ＥＩＡ報告書の作成と評価■ＥＩＡの発展■ＥＩＡのケーススタディ17例（フィイリピン・スリランカ・タイ・インドネシア・エジプト）■

英語版発行
国連大学出版局
東京・ニューヨーク・パリ

ASAHI ECO BOOKS 2

THOREAU ON WATER: REFLECTING HEAVEN:　ASAHI ECO BOOKS 2

水によるセラピー

ヘンリー・デイヴィッド・ソロー

仙名　紀訳

ハードカバー上製本　Ａ５版１７６ページ　定価１２００円＋税

古典的な名著『森の生活』のソローの心をもっとも動かしたのは水のある風景だった。

狂乱の21世紀にあって、アメリカ人はeメールにせっせと返事を書かなければならないし、カネを稼ぐ必要があるし、退職年金を増やすことにも気配りを迫られる。そのような時代にあって、自動車が発明されるより半世紀も前に、長いこと暮らしてきた陋屋《ろうおく》の近くにある水辺を眺めながら、マサチューセッツ州東部の町コンコードに住んでいたナチュラリストが書き記した文章に思いを馳せるということに、どれほどの意味があるのだろうか。この設問に対する答えは無数にあるだろうが……。

『まえがき』（デイヴィッド・ジェームズ・ダンカン）より

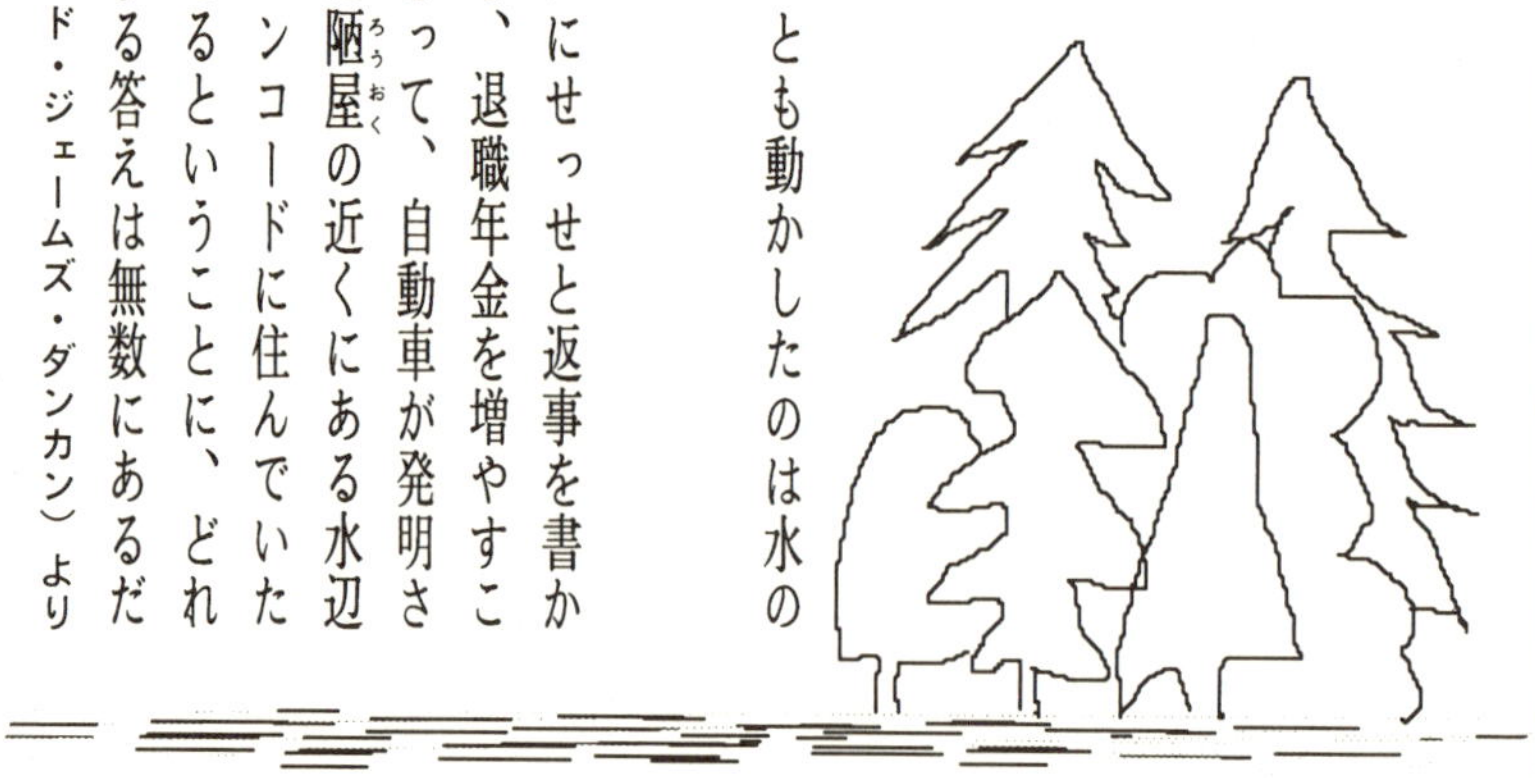

ASAHI ECO BOOKS 3

THOREAU ON MOUNTAINS:ELEVATING OURSELVES　ASAHI ECO BOOKS 3

山によるセラピー

ヘンリー・デイヴィッド・ソロー

仙名　紀訳

ハードカバー上製本　Ａ５版１７６ページ　定価１２００円＋税

いま、なぜソローなのか？　名作『森の生活』の著者の癒しのアンソロジー3部作、第2弾！

■感覚の鈍った手足を起き抜けに伸ばすように、私たちはこの新しい21世紀に当たって、山々や森の複雑な精神性と自分自身を敬うことを改めて学び直し、世界は私たちの足元にひれ伏しているのだなどという幻想に惑わされないように自戒したい。『はじめに』（エドワード・ホグランド）より

■乱開発の行き過ぎを規制し、生態学エコロジーの原点に立ち戻り、人間性を回復する際のシンボルとして、ソローの影は国際的に大きさを増している。『訳者あとがき』（仙名　紀）より

ASAHI ECO BOOKS 4

水のリスクマネージメント——都市圏の水問題

Water for Urban Areas WATER RESOURCES MANAGEMENT AND POLICY　ASAHI ECO BOOKS 4

ジューハ・I・ウィトォー　アシット・K・ビスワス編

深澤雅子訳

ハードカバー上製本　Ａ５版２７２ページ　定価２５００円＋税

21世紀に直面するであろう極めて重大な問題は、水である。今後40年前後で清潔な水を入手できるようにするということには、37億人を超える都市居住者に上下水道の普及を拡大していく必要を伴う。さらに、急成長している諸国の一層の環境破壊を防ぐには、産業生産量単位ごとの汚染を、現在から２０３０年までの間に90％程度減少させることが必要である。

（エイブラハム・ベストラート元国連大学副学長　序文より）

■はじめに■序文■発展途上国都市圏における21世紀の水問題■首都・東京の水管理■関西主要都市圏における水質管理問題■インドの巨大都市ムンバイ、デリー、カルカッタ、チェンナイにおける用水管理■メキシコシティ首都圏の給水ならびに配水■巨大都市における廃水の管理と利用■都市圏の上下水道サービス提供において■民間が果たす役割■緊急時の給水および災害に対する弱さ■結論■

英語版発行

国連大学出版局

東京・ニューヨーク・パリ

THOREAU ON LAND:NATURE'S CANVAS ASAHI ECO BOOKS 5

風景によるセラピー

ヘンリー・デイヴィッド・ソロー

仙名 紀訳

ハードカバー上製本　A5版272ページ　定価1800円＋税

こんな世の中だから、ソロー！　『森の生活』のソローのアンソロジー――『セラピー（心を癒す）本』3部作完結編！

ソローのスケッチ

ソロー（1917〜62）が、改めて脚光を浴びている。ナチュラリストとして、あるいはエコロジストとしての彼の著作や思想が、21世紀の現在、先駆者の業績として広く認知されてきたからだろう。もっと正確に言えば、彼は忘れられた存在だったわけではなく、根強い共感者はいたのだが、その人気や知名度が近年、大いにふくらみをもってきたのである。そのような時期に、ソローの自然に関するアンソロジー3冊がアサヒ・エコブックスに加えられたのは、意味のあることだと考えている。

『訳者あとがき』（仙名　紀）より

教蓮孝匡（きょうれん・たかまさ）

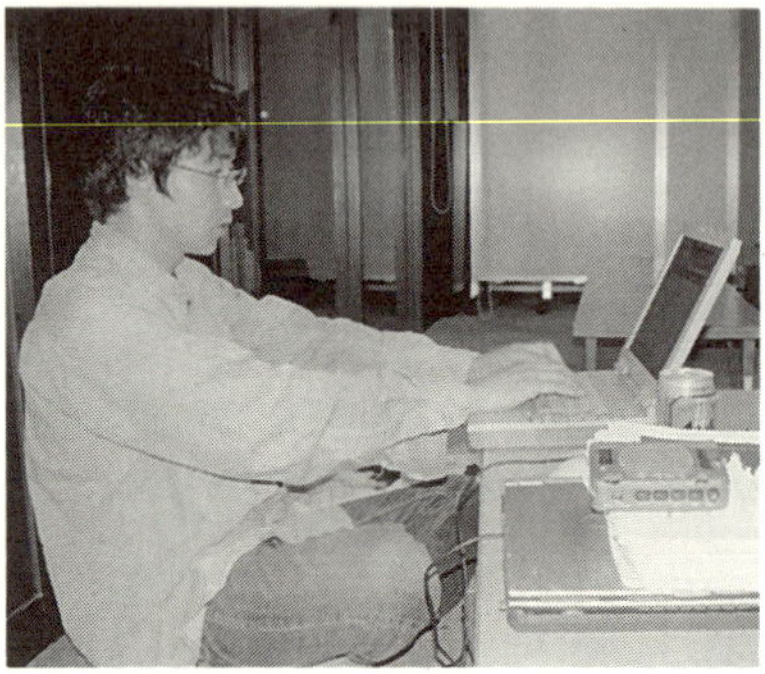

1976年広島県生まれ。早稲田大学第1文学部英文学専修卒業。在学中にホーチミン市総合大学へ留学。広島修道大学大学院法学研究科を、2002年卒業。某放送局に記者として入社が内定するも、思うところがあって辞退。現在、清水弘文堂書房のライター・編集者として活躍中。ドリーム・チェイサーズ・サルーン・ジュニア2代目事務局長。

アサヒビールの森人たち　ASAHI ECO BOOKS 6

発行　二〇〇二年十月三十日　第一刷

監修　磯貝　浩（写真）

著者　教蓮孝匡

発行者　池田弘一

発行所　アサヒビール株式会社

郵便番号　一三〇－八六〇二

住所　東京都墨田区吾妻橋一－二三－一

発売者　礒貝　日月

発売所　株式会社　清水弘文堂書房

郵便番号　一五三－〇〇四四

住所　東京都目黒区大橋一－三－七　大橋スカイハイツ二〇七

Eメール　shimizukobundo@mbj.nifty.com

HP　http://homepage2.nifty.com/shimizukobundo/index.html

編集室　清水弘文堂書房ITセンター

郵便番号　二二二－〇〇一一

住所　横浜市港北区菊名三－三－一四　KIKUNA N HOUSE 3F

電話番号　〇四五－四三一－三五六六　FAX　〇四五－四三一－三五六六

郵便振替　〇〇二六〇－三－五九九三九

印刷所　プリンテックス株式会社

ISBN4－87950－558－7 C0095

島根県
広島県
俵原山
比和奥山
神野瀬湖
二分坂山
曲谷山
黒口山
法仏山
432
女亀山
赤松山
鳥袋山
甲野村山
灰谷山
須川山
殿畑山
戸谷山
神野瀬川
アサヒビール
株式会社
庄原林業所
庄原市
54
下赤松山
庄原
至江津
375
三次市
江の川
183
三次
184
54
20
375